U0454738

罗洛·梅文集

郭本禹 杨韶刚 主编

创造的勇气

THE COURAGE
TO
CREATE

[美] 罗洛·梅 著
ROLLO MAY

杨韶刚 译

中国人民大学出版社
·北京·

总　序

罗洛·梅（Rollo May，1909—1994）被称为"美国存在心理学之父"，也是人本主义心理学的杰出代表。20世纪中叶，他把欧洲的存在主义哲学和心理学思想介绍到美国，开创了美国的存在分析学和存在心理治疗。他著述颇丰，其思想内涵带给现代人深刻的精神启示。

一、罗洛·梅的学术生平

罗洛·梅于1909年4月21日出生在俄亥俄州的艾达镇。此后不久，他随全家迁至密歇根州的麦里恩市。罗洛·梅幼时的家庭生活很不幸，父母都没有受过良好的教育，而且关系不和，经常争吵，两人后来分居，最终离婚。他的母亲经常离家出走，不照顾孩子，根据罗洛·梅的回忆，母亲是"到处咬人的疯狗"。他的父亲同样忽视子女的成长，甚至将女儿患心理疾病的原因归于受教育太多。由于父亲是基督教青年会的秘书，因而全家经常搬来搬去，罗洛·梅称自己总是"圈子中的新成员"。作为家中的长子，罗洛·梅很早就承担起家庭的重担。他幼年时最美好的记忆是离家不远的圣克莱尔河，他称这条河是自己"纯洁的、深切的、超凡的和美丽的朋友"。在这里，他夏天游泳，冬天滑冰，或是坐在岸边，看顺流而下运矿石的大船。不幸的早年生活激发了罗洛·梅日后对心理学和心理咨询的兴趣。

罗洛·梅很早就对文学和艺术产生了兴趣。他在密歇根州立学院读书时，最感兴趣的是英美文学。由于他主编的一份激进的文学刊物惹恼了校方，所以他转学到俄亥俄州的奥柏林学院。在此，他投身于艺术课程，学习绘画，深受古希腊艺术和文学的影响。1930年获得该校文学学士学位后，他随一个艺术团体到欧洲游历，学习各国的绘画等艺术。他在由美国人在希腊开办的阿纳托利亚学院教了三年英文，这期间他对古希腊文明有了更深刻的体认。罗洛·梅终生保持着对文学和艺术的兴趣，这在他的著作中也充分体现出来。

1932年夏，罗洛·梅参加了阿德勒（Alfred Adler）在维也纳山区一个避暑胜地举办的暑期研讨班，有幸结识了这位著名的精神分析学家。阿德勒是弗洛伊德（Sigmund Freud）的弟子，但与弗洛伊德强调性本能的作用不同，阿德勒强调人的社会性。罗洛·梅在研讨班中与阿德勒进行了热烈的交流和探讨。他非常赞赏阿德勒的观点，并从阿德勒那里接受了许多关于人的本性和行为等方面的心理学思想。可以说，阿德勒为罗洛·梅开启了心理学的大门。

1933年，罗洛·梅回到美国。1934—1936年，他在密歇根州立学院担任学生心理咨询员，并编辑一本学生杂志。但他不安心于这份工作，希望得到进一步的深造。罗洛·梅原本希望到哥伦比亚大学学习心理学，但他发现那里所讲授的全是行为主义的观点，与自己的兴趣不合。于是，他进入纽约联合神学院学习神学，并于1938年获得神学学士学位。罗洛·梅在这里做了一个迂回。他先学习神学，之后又转回心理学。这个迂回对罗洛·梅至关重要。他在这里学习到有关人的存在的知识，接触到焦虑、爱、恨、悲剧等主题，这些主题在他日后的著作中都得到了阐释。

在联合神学院，罗洛·梅还结识了被他称为"朋友、导师、精神之父和老师"的保罗·蒂利希（Paul Tillich），他对罗洛·梅学术生涯的发展产生了至关重要的影响。蒂利希是流亡美国的德裔存在主义哲学家，罗洛·梅常去听蒂利希的课，并与他结为终生好友。从蒂利希那里，罗洛·梅第一次系统地学习了存在主义哲学，了解到存在主义鼻祖克尔凯郭尔（Soren Kierkegaard）和存在主义大师海德格尔（Martin Heidegger）的思想。罗洛·梅思想中的许多关键概念，如生命力、意向性、勇气、无意义的焦虑等，都可以看到蒂利希的影子。为纪念这位良师诤友，罗洛·梅出版了三部关于蒂利希的著作。此外，罗洛·梅还受到德国心理学家戈德斯坦（Kurt Goldstein）的影响，接受了他关于自我实现、焦虑和恐惧的观点。

从纽约联合神学院毕业后，罗洛·梅被任命为公理会牧师，在新泽西州的蒙特克莱尔做了两年牧师。他对这个职业并不感兴趣，最终还是回到了心理学领域。在这期间，罗洛·梅出版了自己的第一部著作《咨询的艺术：如何给予和获得心理健康》（*The Art of Counseling: How to Give and Gain Mental Health*，1939）。20世纪40年代初，罗洛·梅到纽约城市学院担任心理咨询员。同时，他进入纽约著名的怀特精神病学、心理学和精神分析研究院（下称怀特研究院）学习精神分析。他在怀特研究院受到精神分析社会文化学派的影响。当时，该学派的成员沙利文（Harry Stack Sullivan）为该研究院基金会主席，另一位成员弗洛姆（Erich Fromm）也在该研究院任教。社会文化学派与阿德勒一样，也不赞同弗洛伊德的性本能观点，而是重视社会文化对人格的影响。该学派拓展了罗洛·梅的学术视野，并进一步确立了他对存在的探究。

通过在怀特研究院的学习，罗洛·梅于 1946 年成为一名开业心理治疗师。在此之前，他已进入哥伦比亚大学攻读博士学位。但 1942 年，他感染了肺结核，差点死去。这是他人生的一大难关。肺结核在当时被视作不治之症，罗洛·梅在疗养院住院三年，经常感受到死亡的威胁，除了漫长的等待之外别无他法。但难关同时也是一种契机，他在面临死亡时，得以切身体验自身的存在，并以自己的理论加以观照。罗洛·梅选择了焦虑这个主题为突破点。结合深刻的焦虑体验，他仔细阅读了弗洛伊德的《焦虑的问题》（*The Problem of Anxiety*）、克尔凯郭尔的《焦虑的概念》（*The Concept of Anxiety*），以及叔本华（Arthur Schopenhauer）、尼采（Friedrich Wilhelm Nietzsche）等人的著作。他认为，在当时的疾病状况下，克尔凯郭尔的话更能打动他的心，因为它触及焦虑的最深层结构，即人类存在的本体论问题。康复之后，罗洛·梅在蒂利希的指导下，以其亲身体验和内心感悟写出博士学位论文《焦虑的意义》（*The Meaning of Anxiety*）。1949 年，他以优异成绩获得哥伦比亚大学授予的第一个临床心理学博士学位。博士学位论文的完成，标志着罗洛·梅思想的形成。此时，他已届不惑之年。

自 20 世纪 50 年代起，罗洛·梅的学术成就突飞猛进。他陆续出版多种著作，将存在心理学拓展到爱、意志、权力、创造、梦、命运、神话等诸多主题。同时，他也参与到心理学的历史进程中。这一方面表现在他对发展美国存在心理学的贡献上。1958 年，他与安杰尔（Ernest Angel）和艾伦伯格（Henri Ellenberger）合作主编了《存在：精神病学和心理学的新方向》（*Existence: A New Dimension in Psychiatry and Psychology*），向美国的读者介绍欧洲的存在心理学和存在心理治疗思想，此书标志着美国存在心理学本土化的完成。1958—1959 年，罗洛·梅组织了两次关于存在心理学的专题讨论会。第一次专题讨论会后形成了美国心理治疗家学院。第二次是 1959 年在美国心理学会辛辛那提年会上举行的存在心理学特别专题讨论会，这是存在心理学第一次出现在美国心理学会官方议事日程上。这次会议的论文集由罗洛·梅主编，并以《存在心理学》（*Existential Psychology*，1960）为名出版，该书推动了美国存在心理学的进一步发展。1959 年，他开始主编油印的《存在探究》杂志，该杂志后改为《存在心理学与精神病学评论》，成为存在心理学和精神病学会的官方杂志。正是由于这些工作，罗洛·梅被誉为"美国存在心理学之父"。另一方面，罗洛·梅积极参与人本主义心理学的活动，推动了人本主义心理学的发展。1963 年，他参加了在费城召开的美国人本主义心理学会成立大会，此次会议标志着人本主义心理学的诞生。1964 年，他参加了在康涅狄格州塞布鲁克召开的人本主义心理学大会，此次会议标志着人本主义心理学为美国心理学界所承认。他曾对行为主义者斯金纳（Burrhus Frederic

Skinner）的环境决定论和机械决定论提出严厉的批评，也不赞成弗洛伊德精神分析的本能决定论和泛性论观点，将精神分析改造为存在分析。他还通过与其他人本主义心理学家争论，推动了人本主义心理学的健康发展。其中最有名的是他与罗杰斯（Carl Rogers）的著名论辩，他反对罗杰斯的性善论，提倡善恶兼而有之的观点。

20世纪50年代中期，罗洛·梅积极参与纽约州立法，反对美国医学会试图把心理治疗作为医学的一个专业，只有医学会的会员才能具有从业资格的做法。在60年代后期和70年代早期，罗洛·梅投身反对越南战争、反核战争、反种族歧视运动以及妇女自由运动，批评美国文化中欺骗性的自由与权力观点。到了70年代后期和80年代，罗洛·梅承认自己成为一名更加温和的存在主义者，反对极端的主观性和否定任何客观性。他坚持人性中具有恶的一面，但对人的潜能运动和会心团体持朴素的乐观主义态度。

1948年，罗洛·梅成为怀特研究院的一名成员；1952年，升为研究员；1958年，担任该研究院的院长；1959年，成为该研究院的督导和培训分析师，并一直工作到1974年退休。罗洛·梅曾长期担任纽约市的社会研究新学院主讲教师（1955—1976），他还先后做过哈佛大学（1964）、普林斯顿大学（1967）、耶鲁大学（1972）、布鲁克林学院（1974—1975）的访问教授，以及纽约大学的资深学者（1971）和加利福尼亚大学圣克鲁斯分校董事教授（1973）。此外，他还担任过纽约心理学会和美国精神分析学会主席等多种学术职务。

1975年，罗洛·梅移居加利福尼亚，继续他的私人临床实践，并为人本主义心理学大本营塞布鲁克研究院和加利福尼亚职业心理学学院工作。

罗洛·梅与弗洛伦斯·德弗里斯（Florence DeFrees）于 1938 年结婚。他们在一起度过了 30 年的岁月后离婚。两人育有一子两女，儿子罗伯特·罗洛（Robert Rollo）曾任阿默斯特学院的心理咨询主任，女儿卡罗林·简（Carolyn Jane）和阿莱格拉·安妮（Allegra Anne）是双胞胎，前者是社会工作者、治疗师和画家，后者是纪录片创作者。罗洛·梅的第二任妻子是英格里德·肖勒（Ingrid Scholl），他们于 1971 年结婚，7 年后分手。1988 年，他与第三任妻子乔治亚·米勒·约翰逊（Georgia Miller Johnson）走到一起。乔治亚是一位荣格学派的分析心理学治疗师，她是罗洛·梅的知心伴侣，陪伴他走过了最后的岁月。1994 年 10 月 22 日，罗洛·梅因多种疾病在加利福尼亚的家中逝世。

罗洛·梅曾先后获得十多个名誉博士学位和多种奖励，他尤为得意的是两次获得克里斯托弗奖章，以及美国心理学会颁发的临床心理学科学和职业杰出贡献奖与美国心理学基金会颁发的心理学终身成就奖章。

1987 年，塞布鲁克研究院建立了罗洛·梅中心。该中心由一个图书馆和一个研究项目组成，鼓励研究者秉承罗洛·梅的精神进行研究和出版作品。1996 年，美国心理学会人本主义心理学分会设立了罗洛·梅奖。这表明罗洛·梅在今天依然产生着影响。

二、罗洛·梅的基本著作

罗洛·梅一生著述丰富，出版了20余部著作，发表了许多论文。他在80岁高龄时，仍然坚持每天写作4个小时。我们按他思想发展的历程来介绍其主要作品。

罗洛·梅的两部早期著作是《咨询的艺术：如何给予和获得心理健康》（1939）和《创造性生命的源泉：人性与神的研究》（*The Springs of Creative Living: A Study of Human Nature and God*，1940）。《咨询的艺术：如何给予和获得心理健康》一书是罗洛·梅于1937年和1938年在教会举行的"咨询与人格适应"研讨会上的讲稿。该书是美国出版的第一部心理咨询著作，具有重要的学术意义。该书再版多次，到1989年已印刷15万册。在这部著作中，罗洛·梅提倡在理解人格的基础上进行咨询实践。他认为，人格是生活过程的实现，它围绕生活的终极意义或终极结构展开。咨询师通过共情和理解，调整患者人格内部的紧张，使其人格发生转变。该书虽然明显有精神分析和神学的痕迹，但已经在一定程度上表现出罗洛·梅的后期思想。《创造性生命的源泉：人性与神的研究》一书与前一部著作并无大的差异，只是更明确地表述了健康人格和宗教信念。在与里夫斯（Clement Reeves）的通信中，罗洛·梅表示拒绝该书再版。这一时期出版的著作还有《咨询服务》（*The Ministry of Counseling*，1943）一书。

罗洛·梅思想形成的标志是《焦虑的意义》（1950）一书的问

世。该书是在他的博士学位论文基础上修改而成的。在这部著作中，罗洛·梅对焦虑进行了系统研究。他在考察哲学、生物学、心理学和文化学的焦虑观基础上，通过借鉴克尔凯郭尔的观点，结合临床案例，提出了自己的观点。他将焦虑置于人的存在的本体论层面，视作人的存在受到威胁时的反应，并对其进行了详细的描述。通过焦虑研究，罗洛·梅逐渐形成了以人的存在为核心的思想。在这种意义上，该书为罗洛·梅此后的著作奠定了框架基础。

1953 年，罗洛·梅出版了《人的自我寻求》(*Man's Search for Himself*)，这是他早期最畅销的一本书。他用自己的思想对现代社会进行了整体分析。他以人格为中心，探究了在孤独、焦虑、异化和冷漠的时代自我的丧失和重建，分析了现代社会危机的心理学根源，指出自我的重新发现和自我实现是其根本出路。该书涉及自由、爱、创造性、勇气和价值等一系列重要主题，这些主题是罗洛·梅此后逐一探讨的问题。可以说，该书是罗洛·梅思想全面展开的标志。

在思想形成的同时，罗洛·梅还积极推进美国存在心理学的发展。这首先反映在他与安杰尔和艾伦伯格合作主编的《存在：精神病学和心理学的新方向》(1958) 中。该书是一部译文集，收录了欧洲存在心理学家宾斯万格 (Ludwig Binswanger)、明可夫斯基 (Eugene Minkowski)、冯·格布萨特尔 (V. E. von Gebsattel)、斯特劳斯 (Erwin W. Straus)、库恩 (Roland Kuhn) 等人的论文。罗洛·梅撰写了两篇长篇导言：《心理学中的存在主义运动的起源与意义》和《存在心理治疗的贡献》。这两篇导言清晰明快地介绍了存在心理学的思想，其价值不亚于后面欧洲存在心理学家的论文。该书被誉为美国存在心理学的"圣经"。罗洛·梅对美国存在心理学发展的推进还反映在他主编的《存在心理学》中。书中收入了罗洛·梅的两篇论文：《存在心理学的产生》和《心理治疗的存在基础》。

1967 年，罗洛·梅出版了《存在心理治疗》(*Existential Psychotherapy*)，该书由罗洛·梅为加拿大广播公司系列节目《观念》所做的六篇广播讲话结集而成。该书简明扼要地阐述了罗洛·梅的许多核心观点，其中许多主题在罗洛·梅以后的著作中以扩展的形式出现。次年，他与利奥波德·卡利格（Leopold Caligor）合作出版了《梦与象征：人的潜意识语言》(*Dreams and Symbols: Man's Unconscious Language*)。他们在书中通过分析一位女病人的梦，阐发了关于梦和象征的观点。在他们看来，梦反映了人更深层的关注，它能够使人超越现实的局限，达到经验的统一。同时，梦能够使人体验到象征，象征则是将各种分裂整合起来的自我意识的语言。罗洛·梅关于象征的观点还见于他主编的《宗教与文学中的象征》(*Symbolism in Religion and Literature*，1960）一书，该书收入了他的《象征的意义》一文，该文还收录在《存在心理治疗》中。

1969 年，罗洛·梅出版了《爱与意志》(*Love and Will*)。该书是罗洛·梅最富原创性和建设性的著作，一经面世，便成为美国最受欢迎的畅销书之一，曾荣获爱默生奖。写作该书时，罗洛·梅与第一任妻子的婚姻正走向尽头。因此，该书既是他对自己生活的反思，也是他对现代社会的深刻洞察。该书阐述了他对爱与意志的心理学意义的看法，分析了爱与意志、愿望、选择和决策的关系，以及它们在心理治疗中的应用。罗洛·梅将这些主题置于现代社会情境下，揭示了人们日趋恶化的生存困境，并呼吁通过正视自身、勇于担当来成长和发展。

从 20 世纪 70 年代起，罗洛·梅开始将自己的思想拓展到诸多领域。1972 年，他出版了《权力与无知：寻求暴力的根源》（*Power and Innocence: A Search for the Sources of Violence*）。正如其副标题所示，该书目的在于探讨美国社会和个人的暴力问题，阐述了在焦虑时代人的困境与权力的关系。罗洛·梅从社会中的无力感出发，认为当无力感导致冷漠，而人的意义感受到压抑时，就会爆发不可控制的攻击。因此，暴力是人确定自我进而发展自我的一种途径，当然这并非整合性的途径。围绕自我的发展，罗洛·梅又陆续出版了《创造的勇气》（*The Courage to Create*，1975）和《自由与命运》（*Freedom and Destiny*，1981）。在《创造的勇气》中，罗洛·梅探讨了创造性的本质、局限以及创造性与潜意识和死亡等的关系。他认为，只有通过需要勇气的创造性活动，人才能表现和确定自己的存在。在《自由与命运》中，罗洛·梅将自由与命运视作矛盾的两端。人是自由的，但要受到命运的限制；反过来，只有在自由中，命运才有意义。在二者间的挣扎和奋斗中，凸显人自身以及人的存在。在《祈望神话》（*The Cry for Myth*，1991）中，罗洛·梅将主题拓展到神话上。这是他生前最后一部重要的著作。罗洛·梅认为，神话能够展现出人类经验的原型，能够使人意识到自身的存在。在现代社会中，人们遗忘了神话，与此同时也意识不到自身的存在，由此导致人的迷失。

罗洛·梅还先后出版过两部文集，分别是《心理学与人类困境》（*Psychology and the Human Dilemma*，1967）和《存在之发现》（*The Discovery of Being*，1983）。《心理学与人类困境》收录了罗洛·梅20世纪五六十年代发表的论文。如书名所示，该书探讨了在焦虑时代生命的困境，阐明了自我认同客观现实世界的危险，指出自我的觉醒需要发现内在的核心性。从这种意义上，该书是对《人的自我寻求》中主题的进一步深化。罗洛·梅将现代人的困境追溯到人生存的种种矛盾上，如理性与非理性、主观性与客观性等。他对当时的心理学尤其是行为主义对该问题的忽视提出严厉批评。《存在之发现》以他在《存在：精神病学和心理学的新方向》中的导言为主题，较全面地展现了他的存在心理学和存在治疗思想。该书是存在心理学和存在心理治疗最简明、最权威的导论性著作。

罗洛·梅深受存在哲学家保罗·蒂利希的影响，先后出版了三本回忆保罗·蒂利希的书，它们分别是《保卢斯[1]：友谊的回忆》（*Paulus: Reminiscences of a Friendship*，1973）、《作为精神导师的保卢斯·蒂利希》（*Paulus Tillich as Spiritual Teacher*，1988）和《保卢斯：导师的特征》（*Paulus: The Dimensions of a Teacher*，1988）。

罗洛·梅积极参与人本主义心理学运动，他与罗杰斯和格林（Thomas C. Greening）合著了《美国政治与人本主义心理学》（*American Politics and Humanistic Psychology*，1984），还与罗杰斯、马斯洛（Abraham Maslow）合著了《政治与纯真：人本主义的争

---

① 保卢斯是保罗的爱称。

论》(*Politics and Innocence: A Humanistic Debate*，1986）。

1985 年，罗洛·梅出版了自传《我对美的追求》(*My Quest for Beauty*，1985）。作为一位学者，他在回顾自己的一生时，以自己的理论对美进行了审视。贯穿全书的是他早年就印刻在内心的古希腊艺术精神。在他对生活的叙述中，不断涉及爱、创造性、价值、象征等主题。

罗洛·梅的最后一部著作是与他晚年的朋友和追随者施奈德（Kirk J. Schneider）合著的《存在心理学：一种整合的临床观》(*The Psychology of Existence: An Integrative, Clinical Perspective*，1995）。该书是为新一代心理治疗实践者所写的教科书，可视作《存在：精神病学和心理学的新方向》的延伸。在该书中，罗洛·梅提出了整合、折中的存在心理学观点，并把他的人生体验用于心理治疗，对自己的思想做了最后的总结。

此外，罗洛·梅还经常发表电视和广播讲话，留下了许多录像带和录音带，如《意志、愿望和意向性》(*Will, Wish and Intentionality*，1965）、《意识的维度》(*Dimensions of Consciousness*，1966）、《创造性和原始生命力》(*Creativity and the Daimonic*，1968）、《暴力和原始生命力》(*Violence and the Daimonic*，1970）、《发展你的内部潜源》(*Developing Your Inner Resources*，1980）等。

三、罗洛·梅的主要理论

罗洛·梅的思想围绕人的存在展开。我们从以下四方面阐述他的主要理论观点。

（一）存在分析观

在人类思想史上，存在问题一直是令人困扰的谜团。古希腊哲学家亚里士多德说过："存在之为存在，这个永远令人迷惑的问题，自古以来就被追问，今日还在追问，将来还会永远追问下去。"有时，我们也会产生如古人一样惊讶的困惑：自己居然活在这个世界上。但对这个困惑的深入思考，主要是存在主义哲学进行的。丹麦哲学家克尔凯郭尔是存在主义的先驱，他在反对哲学家黑格尔（G. W. F. Hegel）的纯粹思辨的形而上学的基础上，提出关注现实的人的存在，如人的焦虑、烦闷和绝望等。德国哲学家海德格尔第一个真正地将存在作为问题提了出来。他从区分存在与存在者入手，认为存在只能通过存在者来存在。在诸种存在者中，只有人的存在最为独特。这是因为，只有人的存在才能将存在的意义彰显出来。与海德格尔同时代的萨特（Jean-Paul Sartre）、梅洛－庞蒂（Maurice Merleau-Ponty）、雅斯贝尔斯（Karl Jaspers）和蒂利希等人都对存在主义进行了阐发，并对罗洛·梅产生了重要影响。当然，罗洛·梅着重于人的存在的心理层面，不同于哲学家们的思辨探讨，具有自身独特的风格。

1. 存在的核心

罗洛·梅关于人的存在的观点最为核心的是存在感。所谓存在感，就是指人对自身存在的经验。他认为，人不同于动物之处，就在于人具有自我存在的意识，能够意识到自身的存在，这就是存感。存在感和我们日常较为熟悉的自我意识是较为接近的，但他指出，自我意识并非纯知性的意识，如知道我当前的工作计划。自我意识是对自身的体验，如感受到自己沉浸到自然万物之中。

罗洛·梅认为，人在意识到自身的存在时，能够超越各种分离，实现自我整合。只有人的自我存在意识才能够使人的各种经验得以连贯和统整，将身与心、人与自然、人与社会等连为一体。在这种意义上，存在感是通向人的内心世界的核心线索。看待一个人，尤其是其心理健康状况如何，应当视其对自身的感受而定。存在感越强、越深刻，个人自由选择的范围就越广，人的意志和决定就越具有创造性和责任感，人对自己命运的控制能力就越强。反之，一个人丧失了存在感，意识不到自我的存在价值，就会听命于他人，不能自由地选择和决定自己的未来，就会导致心理疾病。

2. 存在的本质

当人通过存在感体验到自己的存在时，他首先会发现，自己是活在这个世界之中的。存在的本质就是存在于世（being-in-the-world）。人存在于世界之中，与世界密不可分，共同构成一个整体，在生成变化中展现自己的丰富面貌。中国俗语"人生在世"就说明了这一点。人的存在于世意味着：（1）人与世界是不可分的整体。世界并非外在于人的存在，并非如行为主义所说的，是客观成分（如引起人的反应的刺激）的总和。事实上，人在世界之中，与事物存在独特的意义关联。比如，人看到一块石头，石头并非客观的刺激，它对人有着独特的意义，人的内心也许会浮起久远的往事，继而欢笑或悲伤。（2）人的存在始终是现实的、个别的和变化的。

人一生下来，就存在于世界之中，与具体的人或物打交道。换句话说，人是被抛到这个世界上的，人要现实地接受世界中的一切，也就是接受自己的命运。而且，人的存在始终在生成变化之中。人要在过去的基础上，朝向未来发展。人在变化中展现出不同于他人的自己独特的经验。（3）人的存在又是自己选择的。人在世界中并非被动地承受一切，而是通过自己的自由选择，并勇于承担由此带来的责任，发展自己，实现自己的可能性。

3. 存在的方式

人存在于世表现为三种存在方式。（1）存在于周围世界（Umwelt）之中。周围世界是指人的自然世界或物质世界，它是宇宙间自然万物的总和。人和动物都拥有这个世界，目的在于维持生物性的生存并获得满足。对人来说，除了自然环境外，还有人的先天遗传因素、生物性的需要、驱力和本能等。（2）存在于人际世界（Mitwelt）之中。人际世界是指人的人际关系世界，它是人所特有的世界。人在周围世界中存在的目的在于适应，而在人际世界中存在的目的在于真正地与他人交往。在交往中，双方增进了解并相互影响。在这种方式中，人不仅仅适应社会，而且更主动地参与到社会的发展中。（3）存在于自我世界（Eigenwelt）之中。自我世界是指人自己的世界，是人类所特有的自我意识世界。它是人真正看待世界并把握世界意义的基础。它告诉人，客体对自己来说具有怎样的意义。要把握客体的意义，就需要自我意识。因此，自我世界需要人的自我意识作为前提。现代人之所以失落精神活力，就在于放弃了自我世界，缺乏明确而坚强的自我意识，由此导致人际世界的表面化和虚伪化。人可以同时处于这三种方式的关系中，例如，人在进晚餐时（周围世界）与他人在一起（人际世界），并且感到身心愉悦（自我世界）。

4. 存在的特征

罗洛·梅认为，人的存在具有如下六种基本特征：（1）自我核心，指人以其独特的自我为核心。罗洛·梅坚持认为，每个人都是一个与众不同的独立存在，每个人都是独一无二的，没有人可以占有其他人的自我，心理健康的首要条件就在于接受自我的这种独特性。在他看来，神经症并非对环境的适应不良。事实上，它是一种逃避，是人为了保持自己的独特性，企图逃避实际的或幻想的外在环境的威胁，其目的依然在于保持自我核心性。（2）自我肯定，指人保持自我核心的勇气。罗洛·梅认为，人的自我核心不会自然发展和成长，人必须不断地鼓励自己、督促自己，使自我的核心性趋于成熟。他把这种督促和鼓励称为自我肯定，这是一种勇气的肯定。自我肯定是一种生存的勇气，没有它，人就无法确立自己的自我，更不能实现自己的自我。（3）参与，指在保持自我核心的基础上参与到世界中。罗洛·梅认为，个体必须保持独立，才能维护自我的核心性。但是，人又必须生活于世界之中，通过与他人分享和沟通，共享这一世界。人的独立性和参与性必须适得其所，平衡发展。一方面，过分的参与必然导致远离自我核心。现代人之所以感到空虚、无聊，在很大程度上就是由于顺从、依赖和参与过多，脱离了自我核心。另一方面，过分的独立会将自己束缚在狭小的自我世界内，缺乏正常的交往，必然损害人的正常发展。（4）觉知，指人与世界接触时所具有的直接感受。觉知是自我核心的主观方面，人通过觉知可以发现外在的威胁或危险。动物身上的觉知即警觉。罗洛·梅认为，觉知一旦形成习惯，往往变成自动化的行为，会在不知不觉中进行，因此它是比自我意识更直接的经验。觉知是自我意识的基础，人必须经过觉知才能形成自我意识。（5）自我意识，指人特有的觉知现象，是人能够跳出来反省自己的能力。它是人类最显著的本质特征，也是人不同于其他动物的标志。它使得人能够超越具体的世界，生活在"可能"的世界之中。此外，它还使得人拥有抽象观念，能用言语和象征符号与他人沟通。正是有了自我意识，人才能在面对自己、他人或世界时，从多种可能性中进行选择。（6）焦虑，指人的存在面临威胁时所产生的痛苦的情绪体验。罗洛·梅认为，每个人都不可避免地会产生焦虑体验。这是因为，人有自由选择的能力，并需要为选择的结果承担责任。潜能的衰弱或压抑会导致焦虑。在现实世界中，人常常感觉无法完美地实现自己的潜能，这种不愉快的经验会给人类带来无限的烦恼和焦虑。此外，人对自我存在的有限性即死亡的认识也会引起极度的焦虑。

（二）存在人格观

在罗洛·梅看来，人格所指的是人的整体存在，是有血有肉、有思想、有意志的人。他强调要将人的内在经验视作心理学研究的首要对象，而不应仅仅专注于外显的行为和抽象的理论解释。他曾指出，要想正确地认识人的真相，揭示人的存在的本质特征，必须重新回到生活的直接经验世界，将人的内在经验如实描述出来。

1. 人格结构

罗洛·梅在《咨询的艺术：如何给予和获得心理健康》一书中阐释了人格的本质结构。他认为，人的存在的四种因素，即自由、个体性、社会整合和宗教紧张感构成人格结构的基本成分。（1）自由。自由是人格的基本条件，是人整个存在的基础。罗洛·梅认为，人的行为并非如弗洛伊德所认为的那样，是盲目的；也非如行为主义所认为的那样，是环境决定的。人的行为是在自由选择的过程中进行的。他深信，自由选择的可能性不仅是心理治疗的先决条件，同时也是使病人重获责任感，重新决定自己生活的唯一基础。当然，自由并不是无限的，它受到时空、遗传、种族、社会地位等方面的限制。人恰恰是在利用现实限制的基础上进行自由选择，实现自己的独特性。（2）个体性。个体性是自我区别于他人的独特性，它是自我的前提。罗洛·梅强调，每一个自由的个体都是独立自主、与众不同的，而且在形成他独特的生活模式之前，人必须首先接受他的自我。人格障碍的主要原因之一就是自我无法个体化，丧失了自我的独特性。（3）社会整合。社会整合是指个人在保持自我独立性的同时，参与社会活动，进行人际交往，以个人的影响力作用于社会。社会整合是完整存在的条件。罗洛·梅在这里使用"整合"而非"适应"，目的在于表明人与社会的相互作用。他反对将社会适应良好作为心理健康的最佳标准。他认为，正常的人能够接受社会，进行自由选择，发掘社会的积极因素，充实和实现自我。（4）宗教紧张感。宗教紧张感是存在于人格发展中的一种紧张或不平衡状态，是人格发展的动力。罗洛·梅认为，人从宗教中能够获得人生的最高价值和生命的意义。宗教能够提升人的自由意志，发展人的道德意识，鼓励人负起自己的责任，勇敢地迈向自我实现。宗教紧张感的明显证明是人不断体验到的罪疚感。当人不可能实现自己的理想时，人就会体验到罪疚感。这种体验能够使人不断产生心理紧张，由此推动人格发展。

2. 人格发展

罗洛·梅以自我意识为线索，通过人摆脱依赖、逐渐分化的程度，勾勒出人格发展的四个阶段。

第一阶段为纯真阶段，主要指两三岁之前的婴儿时期。此时人的自我尚未形成，处于前自我时期。人的自我意识也处于萌芽状态，甚至可以称处于前自我意识时期。婴儿在本能的驱动下，做自己必须做的事情以满足自己的需要。婴儿虽然被割断了脐带，从生理上脱离了母体，甚至具有一定程度的意志力，如可以通过哭喊来表明其需要，但在很大程度上受缚于外界尤其是自己的母亲，并未在心理上"割断脐带"。婴儿在这一阶段形成了依赖性，并为此后的发展奠定基础。

第二阶段为反抗阶段，主要指两三岁至青少年时期。此时的人主要通过与世界相对抗来发展自我和自我意识。他竭力去获得自由，以确立一些属于自己的内在力量。这种对抗甚至夹杂着挑战和敌意，但他并未完全理解与自由相伴随的责任。此时的人处于冲突之中。一方面，他想按自己的方式行事；另一方面，他又无法完全摆脱对世界特别是父母的依赖，希望父母能给他们一定的支持。因此，如何恰当地处理好独立与依赖之间的矛盾，是这一阶段人格发展的重要问题。

第三阶段为平常阶段，这一阶段与上一阶段在时间上有所交叉，主要指青少年时期之后的时期。此时的人能够在一定程度上认识到自己的错误，原谅自己的偏见，在选择中承担责任。他能够产生内疚感和焦虑以承担责任。现实社会中的大多数人都处于这一阶段，但这并非真正成熟的阶段。由于伴随着责任的重担，此时的人往往采取逃避的方式，依从传统的价值观。所以，社会生活中的很多心理问题都是这一阶段的反映。

第四阶段为创造阶段，主要指成人时期。此时的人能够接受命运，以勇气面对人生的挑战。他能够超越自我，达到自我实现。他的自我意识是创造性的，能够超越日常的局限，达到人类存在最完善的状态。这是人格发展的最高阶段。真正达到这一阶段的人是很少的。只有那些宗教与世俗中的圣人以及伟大的创造性人物才能达到这一阶段。不过，常人有时在特殊时刻也能够体验到这一状态，如听音乐或是体验到爱或友谊时，但这是可遇而不可求的。

（三）存在主题观

罗洛·梅研究了人的存在的诸多方面，涉及大量的主题。我们以原始生命力、爱、焦虑、勇气和神话五个主题，来展现罗洛·梅丰富的理论观点。

1. 原始生命力

原始生命力（the daimonic）是一种爱的驱动力量，是一个完整的动机系统，在不同的个体身上表现出不同的驱动力量。例如，在愤怒中，人怒气冲天，完全失去了理智，完全为一种力量所掌控，这就是原始生命力。在罗洛·梅看来，原始生命力是人类经验中的基本原型功能，是一种能够推动生命肯定自身、确证自身、维护自身、发展自身的内在动力。例如，爱能够推动个体与他人真正地交往，并在这种交往中实现自身的价值。

原始生命力具有如下特征：（1）统摄性。原始生命力是掌控整个人的一种自然力量或功能。例如，人们在生活中表现出强烈的性与爱的力量，人们在生气时的怒发冲冠、在激动时的慷慨激昂，人们对权力的强烈渴望等，都是原始生命力的表现。实际上，这就是指人在激情状态下不受意识控制的心理活动。（2）驱动性。原始生命力是使每一个存在肯定自身、维护自身、使自身永生和增强自身的一种内在驱力。在罗洛·梅看来，原始生命力可以使个体借助爱的形式来提升自身生命的价值，是用来创造和产生文明的一种内驱力。（3）整合性。原始生命力的最初表现形态是以生物学为基础的"非人性的力量"，因此，要使原始生命力在人类身上发挥积极的作用，就必须用意识来加以整合，把原始生命力与健康的人类之爱融合为一体。只有运用意识的力量坦然地接受它、消化它，与它建立联系，并把它与人类的自我融为一体，才能加强自我的力量，克服分裂和自我的矛盾状态，抛弃自我的伪装和冷漠的疏离感，使人更加人性化。（4）两重性。原始生命力既具有创造性又具有破坏性。如果个体能够很好地使用原始生命力，其魔力般的力量便可在创造性中表现出来，帮助个体实现自我；若原始生命力占据了整个自我，就会使个体充满破坏性。因此，人并非善的，也并非恶的，而是善恶兼而有之。（5）被引导性。由于原始生命力具有两重性，就需要人们有意识地对它加以指引和开导。在心理治疗中，治疗师的作用就是帮助来访者学会对自己的原始生命力进行正确的引导。

罗洛·梅的原始生命力概念隐含着弗洛伊德的本能的痕迹。原始生命力如同本能一样，具有强大的力量，能够将人控制起来。不过，罗洛·梅做出了重大的改进。原始生命力不再像本能那样是趋乐避苦的，它具有积极和消极两重性，而且，通过人的主动作用，能够融入人自身中。由此也可以看出罗洛·梅对精神分析学说的扬弃。

2. 爱

爱是一种独特的原始生命力，它推动人与所爱的人或物相联系，结为一体。爱具有善和恶的两面，它既能创造和谐的关系，也能造成人们之间的仇恨和冲突。

罗洛·梅关于爱的观点经历了一个发展过程。早期，他对爱进行了描述性研究，指出爱具有如下特征：爱以人的自由为前提；爱是实现人的存在价值的一种由衷的喜悦；爱是一种设身处地的移情；爱需要勇气；最完满的爱的相互依赖要以"成为一个自行其是的人"的最完满的创造性能力为基础；爱与存在于世的三种方式都有联系，爱可以表现为自然世界中的生命活力、人际世界中的社会倾向、自我世界中的自我力量；爱把时间看作定性的，是可以直接体验到的，是具有未来倾向的。

后来，罗洛·梅在《爱与意志》中，将爱置于人的存在层面，把它视作人存在于世的一种结构。爱指向统一，包括人与自己潜能的统一、与世界中重要他人的统一。在这种统一中，人敞开自己，展现自己真正的面貌，同时，人能够更深刻地感受到自己的存在，更肯定自己的价值。这里体现出前述存在的特征：人在参与过程中，保持自我的核心性。罗洛·梅还进一步区分出四种类型的爱：（1）性爱，指生理性的爱，它通过性活动或其他释放方式得到满足；（2）厄洛斯（Eros），指爱欲，是与对象相结合的心理的爱，在结合中能够产生繁殖和创造；（3）菲利亚（Philia），指兄弟般的爱或友情之爱；（4）博爱，指尊重他人、关心他人的幸福而不希望从中得到任何回报的爱。在罗洛·梅看来，完满的爱是这四种爱的结合。但不幸的是，现代社会倾向于将爱等同于性爱，现代人将性成功地分离出来并加以技术化，从而出现性的放纵。在性的泛滥的背后，爱却被压抑了，由此人忽视了与他人的联系，忽视了自身的存在，出现冷漠和非人化。

3. 焦虑

在罗洛·梅看来，个体作为人的存在的最根本价值受到威胁，自身安全受到威胁，由此引起的担忧便是焦虑。焦虑和恐惧与价值有着密切的关系。恐惧是对自身一部分受到威胁时的反应。当然，恐惧存在特定的对象，而焦虑没有。如前所述，焦虑是存在的特征之一。在这种意义上，罗洛·梅将焦虑视作自我成熟的积极标志。但是，在现代社会中，由于文化的作用，焦虑逐渐加剧。罗洛·梅特别指出，西方社会过分崇拜个人主义，过于强调竞争和成就，导致了从众、孤独和疏离等心理现象，使人的焦虑增加。当人试图通过竞争与奋斗克服焦虑时，焦虑反而又加剧了。20世纪文化的动荡，使得个人依赖的价值观和道德标准受到削弱，也造成焦虑的加剧。

罗洛·梅区分出两种焦虑：正常焦虑和神经症焦虑。正常焦虑是人成长的一部分。当人意识到生老病死不可避免时，就会产生焦虑。此时重要的是直面焦虑和焦虑背后的威胁，从而更好地过当下的生活。神经症焦虑是对客观威胁做出的不适当的反应。人使用防御机制应对焦虑，并在内心冲突中出现退行。罗洛·梅曾指出，病态的强迫性症状实际是保护脆弱的自我免受焦虑。为了建设性地应对焦虑，罗洛·梅建议使用以下几种方法：用自尊感受到自己能够胜任；将整个自我投身于训练和发展技能上；在极端的情境中，相信领导者能够胜任；通过个人的宗教信仰来发展自身，直面存在的困境。

4. 勇气

在存在的特征中，自我肯定是指人保持自我核心的勇气。因此，勇气也与人的存在有着密切的关联。罗洛·梅指出，勇气并非面对外在威胁时的勇气，它是一种内在的素质，是将自我与可能性联系起来的方式和渠道。换句话说，勇气能够使得人面向可能的未来。它是一种难得的美德。罗洛·梅认为，勇气的对立面并非怯懦，而是缺乏勇气。现代社会中的一个严峻的问题是，人并非禁锢自己的潜能，而是人由于害怕被孤立，从而置自己的潜能于不顾，去顺从他人。

罗洛·梅区分出四种勇气：（1）身体勇气，指与身体有关的勇气。它在美国西部开发时代的英雄人物身上体现得最为明显，他们能够忍受恶劣的环境，顽强地生存下来。但在现代社会中，身体勇气已退化成为残忍和暴力。（2）道德勇气，指感受他人苦难处境的勇气。具有较强道德勇气的人能够非常敏感地体验到他人的内心世界。（3）社会勇气，指与他人建立联系的勇气，它与冷漠相对立。罗洛·梅认为，现代人害怕人际亲密，缺乏社会勇气，结果反而更加空虚和孤独。（4）创造勇气，这是最重要的勇气，它能够用于创造新的形式和新的象征，并在此基础上推进新社会的建立。

5. 神话

神话是罗洛·梅晚年思考的一个重要主题。他认为，20世纪的一个重大问题是价值观的丧失。价值观的丧失使得个人的存在感面临严峻的威胁。当人发现自己所信赖的价值观念忽然灰飞烟灭时，他的自身价值感将受到极大的挑战，他的自我肯定和自我核心等都会出现严重的问题。在这种情境下，现代人面临如何重建价值观的问题。在这方面，神话提供了一条可行的途径。罗洛·梅认为，神话是传达生活意义的主要媒介。它类似分析心理学家荣格（Carl Gustav Jung）所说的原型。但它既可以是集体的，也可以是个人的；既可以是潜意识的，也可以是意识的。如《圣经》就是现代西方人面对的最大的神话。

神话通过故事和意象，能够给人提供看待世界的方式，使人表述关于自身与世界的经验，使人体验自身的存在。《圣经》通过其所展现的意义世界，能够为人的生活指引道路。正是在这种意义上，罗洛·梅认为，神话是给予我们的存在以意义的叙事模式，能够在无意义的世界中让人获得意义。他指出，神话的功能是，能够提供认同感、团体感，支持我们的道德价值观，并提供看待创造奥秘的方法。因此，重建价值观的一项重要的工作，就是通过好的神话来引领现代人前进。罗洛·梅尤其提倡鼓励人们运用加强人际关系的神话，以这类神话替代美国流传已久的分离性的个体神话，能够推动人们走到一起，重建社会。

（四）存在治疗观

1. 治疗的目标

罗洛·梅认为，心理治疗的首要目的并不在于症状的消除，而是使患者重新发现并体认自己的存在。心理治疗师不需要帮助病人认清现实，采取与现实相适应的行动，而是需要加强病人的自我意识，与病人一起，发掘病人的世界，认清其自我存在的结构与意义，由此揭示病人为什么选择目前的生活方式。因此，心理治疗师肩负双重任务：一方面要了解病人的症状；另一方面要进一步认清病人的世界，认识到他存在的境况。后一方面比前一方面更难，也更容易为一般的心理治疗师所忽视。

具体来说，存在心理治疗一般强调两点。首先，患者通过提高觉知水平，增进对自身存在境况的把握，从而做出改变。心理治疗师要提供途径，使病人检查、直面、澄清并重新进入他们对生活的理解，探究他们生活中遇到的问题。其次，心理咨询师使病人提高自由选择的能力并承担责任，使病人能够充分觉知到自己的潜能，并在此基础上变得更敢于采取行动。

2.治疗的原则和方法

罗洛·梅将心理治疗的基本原则归纳为四点：（1）理解性原则，指治疗师要理解病人的世界，只有在此基础上，才能够使用技术。（2）体验性原则，指治疗师要促进患者对自己存在的体验，这是治疗的关键。（3）在场性原则，治疗师应排除先入之见，进入与病人间的关系场中。（4）行动原则，指促进患者在选择的基础上投身于现实行动。

存在心理治疗从总体上看是一系列态度和思想原则，而非一种治疗的方法或体系，过多使用技术会妨碍对患者的理解。因此，罗洛·梅提出，应该是技术遵循理解，而非理解遵循技术。他尤其反对在治疗技术选择上的折中立场。他认为，存在心理治疗技术应具有灵活性和通用性，随着病人及治疗阶段的变化发生变化。在特定时刻，具体技术的使用应依赖于对病人存在的揭示和阐明。

3.治疗的阶段

罗洛·梅将心理治疗划分为三个阶段：（1）愿望阶段，发生在觉知层面。心理治疗师帮助患者，使他们拥有产生愿望的能力，以获得情感上的活力和真诚。（2）意志阶段，发生在自我意识层面。心理治疗师促进患者在觉知基础上产生自我意识的意向，例如，在觉知层面体验到湛蓝的天空，现在则意识到自己是生活于这样的世界的人。（3）决心与责任感阶段。心理治疗师促使患者从前两个层面中创造出行动模式和生存模式，从而承担责任，走向自我实现、整合和成熟。

四、罗洛·梅的历史意义

（一）开创了美国存在心理学

在罗洛·梅之前，虽然已有少数美国学者研究存在心理学，但主要是对欧洲存在心理学的引介。罗洛·梅则形成了自己独特而系统的存在心理学理论体系。前已述及，他对欧洲心理学做了较全面的介绍，通过1958年的《存在：精神病学和心理学的新方向》一书，使得美国存在心理学完成了本土化。他还从存在分析观、存在人格观、存在主题观、存在治疗观四个层面系统展开，由此形成了美国第一个系统的存在心理学理论体系。在此基础上，罗洛·梅还进一步提出"一门研究人的科学"，这是关于人及其存在整体理解与研究的科学。这门科学不是停留在了解人的表面，而是旨在理解人存在的结构方式，发展强烈的存在感，促使其重新发现自我存在的价值。罗洛·梅与欧洲存在心理学家一样，以存在主义和现象学为哲学基础，以人的存在为核心，以临床治疗为方法，重视焦虑和死亡等问题。但他又对欧洲心理学进行了扬弃，生发出自己独特的理论观点。他不像欧洲存在心理学家那样过于重视思辨分析，他更重视对人的现实存在尤其是现代社会境遇下人的生存状况的分析。尤为独特的是，他更重视人的建设性的一面。例如，他强调人的潜能观点。正是在这种意义上，他给存在心理学贴上了美国的"标签"，使得美国出现了真正本土化的存在心理学。他还影响了许多学者，推动了美国存在心理学的发展和深化。布根塔尔（James

Bugental）、雅洛姆（Irvin Yalom）和施奈德等人正是在他的基础上，将美国存在心理学推向了新的高度。

（二）推进了人本主义心理学

罗洛·梅在心理学史上的另一突出贡献是推进了人本主义心理学的发展。从前述他的生平中可以看出，他亲自参与并推进了人本主义心理学的历史进程。从思想观点上看，他以探究人的经验和存在感为目标，重视人的自由选择、自我肯定和自我实现的能力，将人的尊严和价值放在心理学研究的首位。他对传统精神分析进行了扬弃，将其引向人本主义心理学的方向，并对行为主义的机械论进行了批判。因此，罗洛·梅开创了人本主义心理学的自我选择论取向，这不同于马斯洛和罗杰斯强调人本主义心理学的自我实现论取向，从而丰富了人本主义心理学的理论体系。正是在这种意义上，罗洛·梅成为与马斯洛和罗杰斯并驾齐驱的人本主义心理学的三位重要代表人物之一。

罗洛·梅还通过理论上的争论，推进了人本主义心理学的健康发展。前面提到，他从原始生命力的两重性，引出人性既有善的一面又有恶的一面。他不同意罗杰斯人性本善的观点。他重视人的建设性，同时也注意到人的不足尤其是破坏性的一面。与之相比，罗杰斯过于强调人的建设性，将消极因素归因于社会的作用，暗含着将人与社会对立起来的倾向。罗洛·梅则一开始就将人置于世界之中，不存在这种对立倾向。所以，罗洛·梅的思想更为现实，更趋近于人本身。除了与罗杰斯的论战外，罗洛·梅在晚年还对人本主义心理学中分化出来的超个人心理学提出告诫，并由此引发了争论。他认为，超个人心理学强调人的积极和健康方面的倾向，存在脱离人的现实的危险。应该说，他的观点对于超个人心理学是具有重要警戒意义的。

（三）首创了存在心理治疗

罗洛·梅在从事心理治疗的实践中，形成了自己独特的思想，这就是存在心理治疗。它以帮助病人认识和体验自己的存在为目标，以加强病人的自我意识、帮助病人自我发展和自我实现为己任，重视心理治疗师和病人的互动以及治疗方法的灵活性。它尤其强调提升人面对现实的勇气和责任感，将心理治疗与人生的意义等重大问题联系起来。罗洛·梅是美国存在心理治疗的首创者，在他之后，布根塔尔和施奈德等人做了进一步发展，使得存在心理治疗成为人本主义心理治疗的重要组成部分。当前，存在心理治疗与来访者中心疗法、格式塔疗法一起，成为人本主义心理治疗领域最为重要的三种方法。

（四）揭示了现代人的生存困境

罗洛·梅不只是一位书斋式的心理学家，他还密切关注现代社会中人的种种问题。他深刻地批判了美国主流文化严重忽视人的生命潜能的倾向。他在进行临床实践的同时，并不仅仅关注面前的病人。他能够从病人的存在境况出发，结合现代社会背景来揭示现代人的生存困境。他从人的存在出发，揭示现代人在技术飞速发展的同时，远离自身的存在，从而导致非人化的生存境况。罗洛·梅指出，现代人在存在的一系列主题上都表现出明显的问题。个体难以接受、引导并整合自己的原始生命力，从而停滞不前，无法激发自己的潜能，从事创造性的活动。他还指出，现代人把性从爱中成功地分离出来，在性解放的旗帜下放纵自身，却遗忘了爱的真正含义是与他人和世界建立联系，从而导致爱的沦丧。现代人逃避自我，不愿承担自己作为一个人的责任，在面临自己的生存处境时感到软弱无能，失去了意志力。个体不敢直面自己的生存境况，不能合理利用自己的焦虑，而是躲避焦虑以保护脆弱的自我，结果使得自己更加焦虑。个体顺从世人，不再拥有直面自己存在的勇气。个体感受不到生活的意义和价值，处于虚空之中。在这种意义上，罗洛·梅不仅是一位面向个体的心理治疗师，还是一位对现代人的生存困境进行诊断的治疗师、一位现代人症状的把脉者。当然，罗洛·梅在揭示现代人的生存困境的同时，也建设性地指出了问题的解决之道，提供了救赎现代人的精神资料。不过，他留给世人的并非简易的行动指南，而是丰富的精神养分，需要世人认真地消化和吸收，由此才能返回到自身的存在中，勇敢地担当，积极地行动，重塑自己的未来。

罗洛·梅在著作中考察的是20世纪中期的人的存在困境。现在，当时光已经过去半个多世纪后，人的生存境遇依然没有得到根本的改观，甚至更加恶化。社会的竞争越来越激烈，人们的生活节奏越来越快，个体所承受的压力也越来越大，内心的焦虑、空虚、孤独等愈发严重。人在接受社会各种新事物的同时，自身的经验却越来越多地被封存起来。与半个世纪前相比，人似乎更加远离自身的存在。从这个意义上说，罗洛·梅更是一位预言家，他所展现的现代人的生存图景依然需要当代人认真地对待和思考。

正因为如此，罗洛·梅在生前和逝后并未被人们忽视或遗忘。越来越多的人发现了他思想的价值，并投入真正的行动中。罗洛·梅的大多数著作都被多次重印或再版，并被翻译成多国文字出版。进入21世纪以来，这种趋势依然在延续。也正是基于此，我们推出这套"罗洛·梅文集"，希望能有更多的中国读者听到罗洛·梅的声音，分享他的精神资源。

郭本禹

南京师范大学

2008 年 9 月 1 日

前　言

　　在我的一生中，我的头脑中一直萦绕着一些令人着迷的创造性问题。为什么在科学和艺术中某个原创的观点会在某一时刻从潜意识中"突然出现"？才智和创造性活动之间，以及创造性和死亡之间的关系是什么？为什么一个滑稽小丑或舞蹈会给我们带来这么大的快乐？当荷马在面对像特洛伊战争这样惨烈的事件时，他是怎样把它写成诗歌，使之成为整个古希腊文明的伦理学指导的呢？

　　我不是作为一个旁观者，而是作为一个亲身参与艺术与科学的人提出这些问题的。例如，我是在观看我画在纸上的两种颜色混合成不可预料的第三种颜色时，由于我自己感到兴奋而提出这些问题的。在激烈的进化竞争中，人类暂时停下来在拉斯科（Lascaux）或阿尔塔米拉①（Altamira）的窑洞的墙壁

———————————

① 西班牙的一个考古遗址。——译者注

上画出那些棕红色的鹿和北美洲的犎牛（bison）[①]，这些画仍然让我们充满了惊奇的赞美和敬畏，难道这不是人类的显著特点吗？假定对美的理解本身就是一条达到真理的道路，那会怎么样？假定"优雅"（elegance）这个词被物理学家用来描述他们的发现，那么，这个词是打开终极现实之门的一把钥匙吗？假定乔伊斯（Joyce）说得对，是艺术家创造了"人类永存的良心"，那又会怎么样呢？

本书的这些章节就是我的深思熟虑的部分记录。它们是我在大学做讲座时产生的。对于把它们发表出来我一直很犹豫，因为它们似乎还不完善——创造的奥秘仍然存在。后来我认识到，这种"不完善"的性质将永远存在，它是创造过程本身的一部分。这种认识是和下述事实一致的，许多听过这些讲座的人都催促我把它们发表出来。

本书的书名是受保罗·蒂利希（Paul Tillich）《存在的勇气》一书的启发而得，对此我很感激。但是，一个人不可能存在于真空里。我们是通过创造来表现我们的存在的。创造是存在的一个必然结果。再者，我书中的"勇气"（courage）这个词，除了第一章的前几页之外，指的都是创造性活动所必需的

---

① 又名美洲水牛或美洲野牛，是牛亚科哺乳动物，也是北美洲体型最大的哺乳动物和世界上最大的野牛之一。——译者注

那种特殊的勇气。在我们对创造性的讨论中，人们很少认识到这一点，写出来的则更少。

我要向几位朋友表示感谢，他们阅读了全部或部分手稿，并且和我进行了讨论。他们是安·海德（Ann Hyde）、玛格达·丹尼斯（Magda Denes）和埃莉诺·罗伯茨（Elinor Roberts）。

和通常不同的是，编写这本书是一件很快乐的事，因为它使我有理由再次深刻思考所有这些问题。我只是希望，本书给予读者的快乐就像我在写它时得到的快乐一样多。

罗洛·梅

于新罕布什尔州霍尔德尼斯

目 录

第一章

创造的勇气

我们生活在一个旧的时代正在消亡而新的时代尚未诞生的时期。当我们观察我们的周围，看到人们在性道德态度、婚姻方式、家庭结构、教育、宗教、技术以及现代生活的几乎所有其他方面的剧烈变化时，我们就不可能对此表示怀疑。而且，在所有这一切的背后存在着原子弹的威胁，虽然这种威胁已经减少，但却从未消失。在这个处在地狱边缘的时代敏感地生活确实是需要勇气的。

我们面临着一种选择。当我们感受到我们的基础动摇时，我们会焦虑而恐慌地退缩吗？当受到失去我们所熟悉的栖身之地的威胁时，我们会瘫软下来，掩盖我们因冷漠而产生的迟钝吗？如果我们做了这些事情，我们就会举手投降，失去我们参与塑造未来的机会。我们将丧失人类的独到特点——也就是，通过我们自己的觉知（awareness）来影响我们的进化。我们就会向历史的那种盲目的不可抗拒的力量投降，失去把未来塑造成一个更公平、更人道的社会的机会。

或者说，在面对剧烈变化的时候，我们要抓住保护我们的敏感性、觉知和责任所必需的勇气吗？我们将有意识地参与（无论参与的程度有多么小）建立新的社会吗？我希望我们的选择将是后者，因为我要在这个基础上进行讲述。

我们受到召唤要做一些新的事情，要面对一片没有人的国土，要进入一片森林，在那里没有现成的道路，也没有人从那里回来指导我们。这就是存在主义者称为虚无的焦虑（the anxiety of nothingness）的东西。生活在未来就意味着跳进一个未知的世界，这就要求具有一定程度的勇气，这种勇气是没有直接先例的，也几乎没有人认识到它。

1. 什么是勇气？

这种勇气将不是绝望的对立面。正如每一个敏感的人在这个国家的最近几十年里所经历的那样，我们将经常面临着绝望。因此，克尔凯郭尔（Kierkegaard）、尼采（Nietzsche）、加缪（Camus）和萨特（Sartre）宣称，勇气并不是没有绝望；相反，它是一种尽管有绝望，但仍然奋力前进的能力。

勇气所需要的并不是纯粹的固执——我们当然必须和别人一起创造。但是，如果你没有表达你自己原创的观点，如果你没有听从你自己的存在，你将背叛你自己。由于没有为全体人民做出你的贡献，你也就背叛了我们的社会。

这种勇气的一个主要特点是，它要求在我们自己的存在中有一个核心（centeredness），如果没有这个核心，我们就会感到自己处在一个真空里。这种内部的"空洞"相当于外部的冷漠，从长远的观点来看，冷漠的总和就意味着懦弱。这就是我们必须总是把我们的信念建立在我们自己存在的核心基础上的原因，否则，最终极的后果就是没有信念。

再者，不要把勇气和轻率（rashness）相混淆。假装有勇气可能最终只不过是用来补偿一个人的潜意识恐惧和证明一个人的男子气概的虚张声势而已，就像在第二次世界大战中流行的"热门"冒险飞跳①一样。这种轻率举动的最终结果是使自己送命，或者至少使一个人的头部被警察用警棍痛打一顿——这两种结果都不是表现勇气的建设性方式。

勇气并不是诸如爱或忠诚等其他个人价值观中的一种美德或价值。它是构成现实并且使所有其他美德和个人价

---

① 指当时有些人学习飞鸟的样子，在胳膊上绑上翅膀，从高山悬崖上往下跳的冒险行为，很多人因此而丧命。——译者注

值观具有现实性的基础。若没有勇气，我们的爱就会沦为纯粹的依赖。若没有勇气，我们的忠诚就会成为遵奉（conformism）。

"勇气"（courage）这个词和法文的"coeur"这个词来源于相同的词干，意思是"心脏"。因此，就像一个人的心脏一样，通过把血液压送到人的胳膊、腿和脑，从而使所有其他身体器官发挥功能，勇气也使所有的美德成为可能。若没有勇气，其他价值观就会逐渐衰弱下去，成为美德的摹真本。

在人类中，为了使存在（being）和成长（becoming）成为可能，就必须有勇气。如果自我想要有任何现实性，维护自我和有一种自我的信念就是最基本的。这就是人类和自然的其他部分之间的区别。橡树籽是通过自动生长成为一棵橡树的，不一定要有信念；小猫同样是以本能为基础而成为一只猫的。和它们一样，自然（nature）和存在（being）是同样的创造物。但是，一个男人或女人只有通过他或她的选择以及他或她对这些选择的信念，才能完全成为人。人们是通过他们日复一日做出的众多决定来获得价值与尊严的。这些决定需要勇气。这就是保罗·蒂利希把勇气说成是本体论的（ontological）原因——它是我们存在的根本。

2. 身体勇气

这是一种最简单和最明显的勇气。在我们的文化中①，身体的勇气所采取的形式主要来源于开发西部边疆的神话。我们的原型一直是那些拓荒的英雄，他们为所欲为，他们之所以能活下来，是因为他们比对手拔枪更快，他们首先是自力更生的，能够忍受不可避免的孤独，他们的宅基地离最近的邻居有 20 英里②远。

但是，我们很快就明白了在我们从这种边疆开拓者那里获得的这份遗产中的诸多矛盾。尽管这种英雄主义是在我们的祖先身上产生的，但这种勇气现在不仅失去了用途，而且已经蜕变成为暴行。当我是米德韦斯特小镇的一个小孩子的时候，人们就期望男孩子用拳头打架。但是，我们的母亲则代表另一种不同的观点，所以，男孩子们在学校里经常挨打，然后，当他们回到家里又会因为打架而挨打。这根本不是培养品格的有效方式。作为一个心理学家，我不止一次地听到男人们说，他们在孩提时代就很敏感，由于他们无法通过打

---

① 指美国的文化传统。——译者注
② 1 英里约合 1.609 千米。——译者注

别人而使之服从，因此，他们一生都深信他们自己是懦夫。

美国是所谓文明国家中最具有暴力性的国家；我们的杀人率比欧洲国家高 3~10 倍。其中一个重要原因就是那种边疆暴行的影响，而我们则是这种暴行的继承者。

我们需要一种新的身体勇气，这种勇气既不会使暴力横行，也不需要我们把自我中心的权力强加给别人。我提出一种新的身体勇气：对身体的使用不是为了把人发展成一个肌肉发达的人，而是为了培养敏感性。这将意味着要发展那种用身体来倾听的能力。正如尼采所说，这是学会用身体来思考。这将是对身体的高度重视，即把它作为对别人产生移情（empathy）的手段，把自我作为一件美的东西来表现，以及把它作为快乐的丰富资源。

这种关于身体的观点在美国已经出现，并且是在瑜伽、沉思^①（meditation）、禅宗佛教和其他来自东方的宗教心理学的影响下出现的。在这些传统中，身体并没有被判有罪，而是作为正当自尊的一种根源受到重视。我提出这种观点供我们思考，把它作为我们正在迈进的新社会所需要的那种身体的勇气。

------

① 也可译作"静修""参禅""打坐"等。——译者注

3. 道德勇气

第二种勇气是道德的勇气。我所认识的或听说过的具有很大道德勇气的人一般都很厌恶暴力。以亚历山大·索尔仁尼琴（Aleksander Solzhenitsyn）为例，他是独自站起来反对苏联官僚强权、抗议非人地和残忍地对待在俄罗斯战俘营中的男女囚犯的人。他的很多书都是以当代俄罗斯最好的散文体书写的，这些书大声疾呼反对对任何人进行毁灭性的打击，无论是从身体上、心理上，还是从精神上。由于他并不是一个自由主义者，而是一个俄罗斯民族主义者，因此，他的道德勇气就表现得更加清晰。他成为在一个混乱的世界上已经看不到的一种价值观的象征——人类的先天价值之所以必须受到尊敬，只是因为他或她的人性，而无须考虑他或她的政治主张如何。作为一个来自旧俄罗斯的陀思妥耶夫斯基式的人物（正如斯坦利·库尼茨对他所做的描述），索尔仁尼琴宣布说，"如果能够促进真理的产生，我会很高兴地献出我的生命"。

被苏联警察逮捕后，他被投入监狱。据说他被脱去衣服，带到行刑队面前。警察的目的是，如果他们不能在心理上使他闭上嘴巴，就用死亡来吓唬他；他们的弹匣是空的。大无畏的索尔仁尼琴现在作为一个被流放者居住在瑞典，在那里他继续扮演他的那种牛虻的角色，对其他国家，如美国，进行同样的批评，在这些方面我们的民主显然需要进行激进的修正。只要有像索尔仁尼琴这种有道德勇气的人存在，我们就能肯定，"人这种自动机"的胜利尚未达到。

和许多具有类似道德勇气的人一样，索尔仁尼琴的勇气不仅来源于他的冒险精神，而且来源于他对人类所遭受苦难的同情，这是他自己在被判刑期间在苏联的监狱中所了解到的。这是非常有意义的，而且几乎已经成为一种规则，道德勇气在这种认同中有其根源，是通过一个人自己对其人类同伴所遭受苦难的敏感性来产生认同的。我想称之为"知觉的勇气"（perceptual courage），因为它依赖于一个人的感知能力，使一个人的自我看到别人遭受的苦难。如果我们让自己体验到这种邪恶，我们将被迫为此做点事情。这是一个真理，是我们所有人都可以认识的，当我们不想被卷入进去的时候，当我们甚至不想面对这个问题，即我们是否要帮助一个受到不公正对待的人时，我们就阻塞了我们的知觉，我们就对他人在遭受苦难视而不见，我们切断了对需要帮助的人的移情。

因此，在我们的时代，懦弱的最流行的形式就隐藏在这个声明的背后："我不想卷入进去。"

4. 社会勇气

第三种勇气就是刚才所描述的冷漠的对立面，我称之为社会勇气（social courage）。这是一种和其他人建立联系的勇气，是冒着丧失自我的危险以达到有意义的亲密关系的能力。这是一种要求在一段时间内把自我投身于一种需要越来越多的开放性关系之中的勇气。

之所以亲密关系需要勇气，是因为冒险是不可避免的。我们不可能从一开始就知道这种关系将怎样影响我们。就像一种化合物一样，我们中的一个发生改变，我们两个就都会改变。我们将在自我实现中成长，还是在自我实现中被毁灭呢？我们所能确定的一件事情就是，如果我们不分好歹地进入这种关系，那么，我们出来时就不可能不受影响。

在我们的时代，通常的做法是，通过把问题转向身体，使之成为一个简单的身体勇气的问题，从而避免激起建立本真的亲密关系所需要的这种勇气。在我们的社会里，在身体上赤裸要比在心理上和精神上赤裸更容易，分享我们的身体要比分享我们的幻想、希望、恐惧和志趣更容易，人们觉得后者更多的是属于个人的，而且，我们认为对后者的分享更容易使我们受到伤害。由于难以理解的原因，我们羞于分享那些至关重要的事情。因此，人们便通过立即跳到床上来避免更"危险地"建立某种关系。毕竟身体是一个物体，是可以像机器那样来对待的。

但是，肇始于身体水平并且保持在身体水平的亲密关系往往倾向于变得非本真（inauthentic），以后我们会发现我们是在逃避空虚。本真的社会勇气要求我们同时在人格的多重水平上保持亲密关系。只有通过这样做，一个人才能克服个人的疏离感。怪不得遇到一些新人会使我们产生焦虑的悸动以及期待的快乐；当我们更加深入到这种关系中时，每一层新的深度的标志就是，使我们产生某种新的欢乐和新的焦虑。每一次会面都可能预示着我们有某种未知的命运，而且是使我们产生快乐的某种刺激，这种快乐就是我们本真地认识了另一个人。

社会勇气要求我们面对两种不同的恐惧。一位早期的精神分析学家奥托·兰克（Otto Rank）曾对这两种恐惧做过精美的描述。第一种他称之为"生活的恐惧"。这是对自主生活的恐惧，害怕被抛弃，需要依赖某个人。一个人需要把自我如此完全地投入到某种关系中，以至于他连与之相联系的自我都没有了，生活的恐惧就是在这种需要中表现出来的。实际上，一个人变成了对他或她所爱的那个人的反思——这种反思迟早会变成对伴侣的厌倦。正如兰克所描述的，这是对自我实现的恐惧。生活在妇女解放时代40多年前的兰克断言，这种恐惧在妇女中是最典型的。

兰克把与此相反的那种恐惧称为"死亡的恐惧"。这是一种害怕被另一种恐惧完全吸收的恐惧，即害怕失去一个人的自我及其自主性，害怕自己的独立性被剥夺。兰克说，这是一种与男性有最多联系的恐惧，因为他们想要始终把后门开着，以便当关系太亲密时能迅速地抽身撤退。

实际上，如果兰克能继续活到我们这个时代，他就会同意，甚至可以肯定地说，男人和女人都不得不不同程度地面对这两种恐惧。我们毕生都在这两种恐惧之间摇摆。确实，它们就是这种形式的恐惧，埋伏着等待任何一个对另一个人表示关心的人的出现。但是，如果我们想要朝向自我实现，就必须面对这两种恐惧，并且意识到，一个人的成长不仅依赖于成为自我，而且依赖于参与到他人的自我中去。

阿尔贝·加缪（Albert Camus）在《流放与王国》中写

了一个故事，证明了这两种对立的勇气。"工作的艺术家"描写的是一个贫苦的巴黎油画家的故事，他几乎挣不到足够的钱为他的妻子和孩子买面包。在这位艺术家临终的时候，他最要好的朋友发现了这位艺术家正在绘制的一幅油画。油画上只有一个词，其余是一片空白，这个词写得很不清楚，而且是用很小的字母写的，就在画布的中间。这个词既可能是"solitary"——单独的，与各种事情保持距离，保持心灵的平静，这对倾听一个人更深层的自我是很有必要的。这个词也可能是"solidary"——"生活在市场里"；团结一致、卷入，或者正如卡尔·马克思所说，与群众相认同。虽然这两个词的意思相反，但是，如果说这位艺术家想要画的作品不仅对他和他的时代有意义，而且对未来的后代有启示意义，那么，孤独和团结就都是必不可少的。

5. 一种自相矛盾的勇气

每一种勇气都具有一种奇怪的矛盾特点，这是我们在这里所要面对的。这是我们必须完全置身于其中的那种表面的矛盾，但与此同时我们也必须觉察到，我们很可能是错的。

深信与怀疑之间的这种辩证关系就是那些最高级的勇气的特点，并且揭穿了把勇气与单纯的成长相认同这种最简单的定义的虚假性。

有人宣称他们绝对相信，他们的立场是唯一正确的立场，宣称这一点的人是很危险的。这种深信不仅具有教条主义的性质，而且具有它的那位更具毁灭性的同伴（即狂热）的性质。它阻碍使用者学习新的真理，而且是对无意识怀疑的一种完全泄露。因此，不仅是为了平息反对意见，而且也为了平息他或她自己的无意识怀疑，这个人就不得不对他或她的主张表示怀疑。

正如我们大家在尼克松"水门事件"时代所经常听到的那样，每当我听到"我绝对相信"这种声调，或者"我想对此做绝对清楚的说明"这种话从白宫那里发出来的时候，我就会迅速地做好反击的准备，因为我知道，这种过分强调的迹象暴露出其中隐含着某种不诚实。莎士比亚曾恰当地指出："我认为，女士（或政治家）下的断言太多了。"在这样一个时代，人们渴望有一个像林肯这样的领导者存在，他公开地承认他的怀疑，也同样公开地保持着他的献身精神。就像你和我都有我们自己的怀疑一样，身居高位的人也有他的怀疑，不过，尽管有这些怀疑，他仍然有勇气迈步向前，认识到这一点确实是更为保险的。和那些把自己圈起来以对付新的真理的狂热之人相反，一个有勇气相信同时又有勇气承认他的怀疑的人是灵活的，而且对新的知识是开放的。

保罗·塞尚（Paul Cézanne）坚持相信，他发现了并且正在绘制一种新型空间，这种新型空间将会极大地影响艺术的未来，但与此同时他又充满了痛苦的和无处不在的怀疑。献身于艺术和怀疑之间的这种关系丝毫不是对抗性的。献身是最健康的，此时并不是没有怀疑，而是尽管有怀疑，献身仍然是最健康的。完全相信同时又有怀疑，这丝毫也不矛盾：它预先假定了对真理的更大尊重，意识到真理总是超越在任何确定的时刻人们所能说或做的事情。每一个主题都有一个对立面，对此也都有某种综合。因此真理是一个永不消亡的过程。于是我们便认识到莱布尼兹（Leibnitz）所说的那句话的意义："如果我能够学到某些东西，我宁愿步行 20 英里去倾听我最坏的敌人的讲话。"

6. 创造性勇气

这样我们就开始讨论所有勇气中那种最重要的勇气。鉴于道德勇气是对错误的更正，而与此相反，创造性勇气则是对新的形式、新的象征、新的模式的发现，一个新的社会可能就是建立于其上的。每一种职业可能而且确实都要求有某种创造性勇气。在我们的时代，技术和工程、外交、商业，当然还有教学，所有这些职业以及别人的评价都在发生剧烈的改变，都要求有勇气的人们去赏识和指导这种改变。对创造性勇气的需要与职业发生改变的程度是成正比的。

但是，直接而迅速地表现出这些新形式和新象征的人是那些艺术家——剧作家、音乐家、画家、舞蹈家、诗人，以及那些我们称为圣人的宗教领域的诗人。他们以意象（image）的形式来描述这些新的象征，其表现形式可能有诗歌意象、听觉意象、造型艺术或戏剧意象。他们靠自己的想象生活。大多数人只在梦中见过的那些象征，在艺术家那里却是以绘画的形式表现出来的。但是，在我们欣赏创造性作品的时候——以莫扎特五重奏为例——我们也在进行某种创造性活动。当我们致力于绘画的时候（如果我们想要本真地看待它，尤其是看待现代艺术的时候，我们就必须进行绘画），我们就正在体验到某种敏感性的新时刻。某些新的看法便通过我们的绘画过程在我们心中引发出来；某种独特的东西便在我们心中诞生了。在我们看来，这就是为什么有创造性的人对音乐或绘画或其他作品的欣赏也是一种创造性活动。

如果我们想要理解这些象征，我们在感知的时候，就必须与它们相认同。在贝克特（Beckett）的戏剧《等待戈多》中，并没有对在我们的时代发生的交往失败进行理智的讨论，这种失败只不过是在舞台上表现出来的。我们可以在以下的例子中最生动地看出来，例如，当拉凯按照主人的命令去"想"的时候，他只能气急败坏地说出一大段话，这段话表现出哲学演讲所具有的所有自负，但实际上却是完全没有意义的。当我们越来越沉浸到戏剧中去时，我们就会看到，在舞台上真正表现了我们人类交往的普遍失败，它比生活中表现得更鲜明。

我们在舞台上表演的贝克特的戏剧中看到那棵孤零零、光秃秃的树，这是那两个男人所具有的孤独而赤裸的关系的象征，是他们在一起等待从未出现的戈多时所具有的象征；它从我们身上引发出一种类似的疏离感，这是我们和一大批其他的人所体验到的。大多数人并没有清楚地觉察到他们的疏离感，这个事实只能使这种状况更加严重。

在尤金·奥尼尔（Eugene O'Neill）的《送冰的人来了》中，并没有对我们社会的这种分离（disintegration）进行明确的讨论；它是作为戏剧中的一个现实表演出来的。人类物种的高贵并没有被讲述出来，但却在舞台上作为一种真空表现出来。由于这种高贵是如此生动的一种缺席（absence），一种充斥着戏剧的空无，因此，当你离开剧院的时候，就会对人类的重要性有一种深刻的感受，犹如你在看过莎士比亚的《麦克白》或《李尔王》之后的感受一样。奥尼尔能够把那种体验交流出来，这种能力使他跻身于历史上最重要的悲剧作家之列。

艺术家能够用音乐、文字、黏土、大理石或者在画布上描绘这些体验，因为他们所表现的就是荣格（Jung）所谓的"集体潜意识"（collective unconscious）。这个短语可能不是最恰当的，但我们知道，我们每个人都以某些基本的形式掩藏着我们存在的某些方面，这些形式部分地起源于遗传，部分地起源于经验，艺术家所表现的正是这些。

这样一来，这些艺术家——后来我用这个术语包括诗人、音乐家、剧作家、雕塑艺术家，以及圣者——用麦克卢汉（McLuhan）的话来说，就是一条"露水"线，对于我们的文化将要发生什么事情，他们向我们发出了一个"遥远的早期警告"。在我们时代的文化中我们看到了充满疏离和焦虑的象征。但与此同时在混乱嘈杂之中有结构形式、在丑陋之中有美、在仇恨之中有人类的某种爱——这是一种能暂时战胜死亡但从长远的观点看又总是会失败的爱。艺术家们就是这样来表达其文化的精神意义的。我们的问题在于：我们能够正确地读懂它们的意思吗？

以在 14 世纪萌芽的所谓"小文艺复兴"中的吉奥托（Giotto）为例。和中世纪的那种二维的镶嵌图案相反，吉奥托提供了一种看待生活和大自然的新方式：他使他的油画表现为三维的，现在我们看到，人类和动物正在表现出并从我们身上唤起诸如关怀、怜悯、悲伤或快乐这类独特的人类情绪。在以前中世纪教堂的那种二维的镶嵌图案中，我们感到人类没有必要看它们——它们有其自己与上帝的关系。但是在吉奥托那里，就需要有一个人来看这幅画；而且这个人所采取的立场必须是作为一个与这幅画有关系的个体。这样，在文艺复兴之前的 100 多年前，这里就诞生了这种新的人文主义和与大自然的新关系，它们成为文艺复兴中的核心。

在我们力图把握这些艺术象征时，我们发现自己处在一个难以用我们通常的意识思维来思考的领域。我们的任务已经完全超越了逻辑的范围。它把我们带到了一个有许多矛盾的领域。以莎士比亚的第 64 首十四行诗末尾的四行诗所表达的观念为例：

毁灭便教我再三这样地反省，

这一时刻终要到来，会把我的爱带走。

哦，多么致命的思想！它只能

哭着去把那害怕失去的占有。

　　如果你受到过这种训练，即接受我们时代的逻辑，你就会询问："他为什么非要'哭着去把'他的爱'占有'？为什么他不能享受他的爱？"所以我们的逻辑总是驱使我们进行调整——一种朝向疯狂的世界和朝向疯狂的生活的调整。而且更糟糕的是，我们使自己无法理解莎士比亚在这里所表达的那些非常深刻的体验。

　　我们都有这些体验，但我们却倾向于把它们掩盖起来。我们可能会看到一棵秋天的树木因其色彩斑斓而表现得如此优美，以致我们觉得就像是在哭泣；或者我们可能会听到音乐是如此动听，以致我们哀伤不已。这时胆怯的想法便潜入到我们的意识中来，或许我们最好还是根本不要看到那棵树，或者不要听到那首乐曲。这样我们就不会面对这种不舒服的矛盾境地——认识到"这一时刻终要到来，会把我的爱带走"，我们所热爱的一切终将死亡。但是，人类的本质在于，在我们在这个旋转的星球上存在的简短时刻，我们是能够爱某些人和某些事物的，尽管存在着这样的事实，即我们大家终将为时间和死亡所占有。我们渴望延长这个简短的时刻，把我们的死亡推迟一年左右，这当然是可以理解的。但是，这种推迟肯定会遇到挫折，而且终将是一场失败的战斗。

但是，通过创造性活动，我们却能够超越我们自己的死亡。这就是为什么创造性如此重要，以及我们为什么需要面对创造性与死亡之间的关系问题。

7

请考虑一下詹姆斯·乔伊斯（James Joyce），他常常被视为当代最伟大的小说家。在《一个青年艺术家的画像》的末尾，他让他的这位年轻的主人公在日记中写道：

> 欢迎你啊，哦，生命！我曾数以百万次地面对这种经验的现实，在我的灵魂的铁匠铺里锻造出尚未造就的我们种族的良心。

这是一个多么丰富和深刻的说明啊！——"我曾数以百万次地面对……"换句话说，每一次创造性的面对（交会）都是一个新的事件；每一次都要求对勇气的另一次坚持。克尔凯郭尔关于爱的言论也同样适用于创造性：每一个人都必须从头开始。而且，面对"经验的现实"当然是所有创造性的基础。这项任务将是"在我的灵魂的铁匠铺里锻造"，就像铁匠的任务是在他的铁匠铺里把烧红的热铁折弯，制造出对人类生活有价值的东西一样艰巨。

但是尤其要注意最后一句话，锻造出"尚未造就的我们种族的良心"。在这里乔伊斯所说的是，良心并不是从西奈山（Mount Sinai）①上传下来的现成的东西，尽管也有与此相反的报道。它首先是从艺术家的象征和形式中派生出来的灵感中创造出来的。每一位本真的艺术家都致力于这种种族良心的创造，即便他或她并没有觉察到这个事实。艺术家并不是通过有意识的意图来表现的道德家，而只是关心在他或她自己的存在内部倾听和表现这种看法。但是，就像吉奥托创造了文艺复兴的形式一样，艺术家从这些象征中看见并进行创造，

①　埃及西奈半岛上的一座高山。《圣经》中，摩西带领以色列人逃出埃及，到达西奈山，上帝在西奈山向摩西颁下"十诫"作为以色列人的戒律。——译者注

社会的道德结构后来就是在那里开辟出来的。

为什么创造如此艰难？为什么它需要有那么多的勇气？难道它不仅仅是一件把死亡的形式（即已经变得没有生命的那些死亡的象征和神话）清理掉的事情吗？不。乔伊斯的比喻要精确得多：它就像在一个人的铁匠铺里进行锻造那样艰难。我们确实面对着一个令人困惑的谜。

从乔治·萧伯纳（George Bernard Shaw）那里可以获得一些帮助。在参加了小提琴手海菲茨（Heifitz）演出的一场音乐会后，他回到家便写了下面这封信：

亲爱的海菲茨先生：

我的妻子和我为你的音乐会所倾倒。如果你继续这样优美地演奏下去，你当然就会英年早逝。谁也不可能进行如此完美的演奏而又不引起神灵的妒忌。我诚挚地恳求你，在你每天晚上睡觉之前进行一些很差劲的演奏……

在萧伯纳幽默的话语背后，就像他经常所做的那样，有一种深刻的真理——创造会引起神灵的妒忌。这就是本真的创造要花费这么多勇气的原因：一场与神灵的积极战斗正在出现。

至于为什么会这样，我无法给你们提供任何完美的解释；我只能和你们分享我的反思。多少时代以来，本真的创造性人物都已经一致性地发现自己处在这种斗争之中。德嘉斯（Degas）曾经写道，"一个画家画一幅画，就像一个罪犯犯罪时所怀有的感受是一样的"。在犹太教和基督教中，"摩西十诚"的第二条戒律告诫我们，"你不可为自己雕刻一个木雕或石雕的偶像，也不可制作类似于上至天堂或下至地球或者在地下的水中的任何东西"。我意识到，这条戒律的表面目的是保护犹太人不要在那些偶像泛滥的时代陷入偶像崇拜。

但是，"摩西十诚"也表达出这种永恒的恐惧，即每一个社会都排斥其艺术家、诗人和圣者。因为他们是对现状构成威胁的人，而现状又是每一个社会所要竭力维护的。这在俄罗斯发生的控制诗人发表言论和控制艺术家的风格的斗争中表现得再清楚不过了；但是，在我们自己的国家也发生过同样的事情，尽管不那么显眼。不过，尽管有这种神圣的禁忌，尽管要对它进行嘲笑需要勇气，但多少世纪以来无数的犹太教徒和基督教徒一直在致力于绘画和雕刻，并且继续不断地制作木雕或石雕的偶像，以某种或此或彼的形式产生象征。他们中的许多人都有过与诸神进行战斗的相同体验。

许多其他的谜都和这个主要的谜有联系，但我只能不加评论地加以引用。有一个谜是，天才和精神病是如此相近。另一个谜是，创造性竟然带有这样不可理解的罪疚感。第三个谜是，有那么多艺术家和诗人自杀，而且是在他们的成就如日中天的时候。

当我试图解开与诸神进行战斗这个谜的时候，我追溯到人类文化史的原型，追溯到那些能够阐明人们是怎样理解创造性活动的神话。我不是在当代常用的那种变质的"错误"意义上使用"神话"（myth）这个术语的。这是只有以下这种社会才会犯的错误，即一个社会对增加一些实证研究的事实变得如此如痴如醉，以致把人类历史的更深刻智慧都封锁起来。相反，我使用神话的意思是，戏剧性地展现人类的道德智慧。这种神话使用的是完整的感觉，而不仅仅是理智。

在古希腊文明中，有一个关于普罗米修斯的神话，他是住在奥林匹斯山上的一个大力神，他看到人类没有火，就从诸神那里偷来了火并把火种给了人类，此后这件事就被希腊人视为文明的开端，不仅是在烹饪和纺织中，而且在哲学、科学、戏剧和文化本身中都有体现。

但是，重要的一点在于，宙斯却勃然大怒。他判定普罗米修斯应该受到惩罚，于是把他绑在高加索山上，每天早晨一只秃鹫飞来把他的肝脏吃掉，到晚上他的肝脏又会再长出来。顺便提一句，这个神话中的这个成分就是创造性过程的一个生动象征。所有的艺术家有时都会产生这种体验，在劳累了一天之后感到很疲倦，精疲力竭，并且如此肯定地认为，他们绝不可能把他们的幻想表达出来，以致他们发誓要把它忘记，第二天早上再重新开始干某件别的事情。但是，在夜间他们的"肝脏又会再长出来"。他们又精力十足地起来，满怀新的希望继续他们的任务，还是在他们那个灵魂的铁匠铺里奋斗。

要是有人认为，普罗米修斯的神话可以仅仅作为爱开玩笑的希腊人所编的一个具有特异性的故事被清除掉，那么我不妨提醒你，在犹太－基督教传统中也展示过几乎完全相同的真理。我指的是关于亚当和夏娃的神话。这是关于道德意识出现的戏剧。正如克尔凯郭尔在谈到这个神话（以及谈到所有的神话）时所说，在内部发生的真理被展示出来，仿佛它是外部真理一样。亚当的神话在每一个婴幼儿身上被再次表演出来，这种重演在出生后几个月就开始了，在两三岁的时候发展成为某种可以识别的形式，尽管理想地说，这个过程应该继续扩展到人生的所有其他时光。吃下智慧树上的分辨善恶的苹果象征着开启了人类意识、道德意识，以及在这一点上作为同义词的意识的存在。伊甸园的天真——子宫和妊娠期"做梦的意识"（这个术语是克尔凯郭尔提出来的）在出生后的第一个月——就被永远地毁灭了。

精神分析的功能就是要增长这种意识，确实，就是要帮助人们吃下智慧树上的善恶之果。如果这种体验对许多人而言，就像对俄狄浦斯①一样如此可怕，那么我们也不应该感到惊讶。任何关于"阻抗"（resistance）的理论，如果忽略了人类意识的恐惧，那么，它就是不完善的，而且很可能是错误的。

代之以这种天真的狂喜，婴儿现在开始体验到焦虑和罪疾感。而且，个体的责任感成为留给这个孩子遗产的一部分，其中最重要的是，爱的能力只是在后来才形成。这个过程的阴影方面就是压抑（repression）的出现，以及与之相伴随的神经症（neurosis）的出现。这确实是一个与命运有关的事件啊！如果你把这个事件称为"人的堕落"，那么，你就应该加入黑格尔和其他对历史进行过深刻分析的人之中，他们曾经宣称这是一个"堕落的开始"；因为如果没有这种体验，就既不会有创造性，也不会有我们认识到它们的意识。

---

① 俄狄浦斯是古希腊神话传说中的底比斯王子。他曾破解了怪物斯芬克斯之谜，后来误杀其父亲并娶其母亲为妻，当他发现真相之后非常痛苦，于是自己刺瞎双目，流浪而死。——译者注

但是，耶和华再次发怒了。亚当和夏娃被一个天使用一柄燃烧的宝剑驱逐出伊甸园。我们面对着这个令人烦恼的矛盾，即希腊神话和犹太－基督教神话都认为，创造性和意识是在对一种全知全能的力量进行反叛中诞生的。我们是否可以得出这样的结论，这些主神，宙斯和耶和华，并不想让人类具有道德意识和文明的艺术呢？这确实是一个谜。

最明显的解释就是，有创造性的艺术家和诗人以及圣者都必须和我们社会的实际存在的诸神（与理想的诸神相反）进行战斗——他们是盲从的神以及冷漠、掌握物质成功和剥削力量的诸神。这些就是我们社会的"偶像"，是为一大群人所崇拜的。但是，这种观点并没有深入到足以给我们提供解开这个谜的答案。

在我寻找某些答案的时候，我再次回到这些神话中去，更仔细地阅读它们。我发现，在普罗米修斯这个神话的末尾，有一个古怪的附录：只有当一个神灵放弃了它的不朽，以此作为对普罗米修斯的赎罪时，普罗米修斯才能从锁链和酷刑中被解救出来。这个解救是由喀戎（Chiron）做到的（他是另一个迷人的、半人半马的象征——因其智慧和医术及治疗技能而著称，他培养了医神阿斯克勒庇俄斯）。这个神话的结论告诉我们，这个谜是和死亡的问题相联系的。

亚当和夏娃的情况也同样如此。因为他们吃了智慧树上的善恶之果，耶和华便愤怒地大声喊叫，他担心他们将吃下永恒生命树上的果子，从而变得像"我们中间的一个"一样。所以啊，这个谜还是和死亡的问题有关，永恒的生命只是其中的一个方面。

原来，与诸神的战斗是以我们自己的不朽为转移的啊！创造性是对不朽的一种渴望。我们都知道人类一定会死亡。相当奇怪的是，我们能够用话语对死亡进行形容。我们知道我们每个人都必须产生面对死亡的勇气。但是，我们也必须反叛和与此进行斗争。创造性就是从这种斗争中产生的——创造性活动从这种反叛中诞生出来。创造性不仅是我们青年和童年时期天真的自发性活动，而且一定和成年人的激情有密切联系，这是一种想要使生命超越死亡的激情。米开朗琪罗的那个未完成的在石头的监狱中苦苦挣扎的奴隶雕塑，就是我们人类状况的最适当的象征。

8

当我把"反叛"（rebel）这个词用在艺术家身上的时候，我指的并不是革命或接管系主任的职务之类的事情，那是一种截然不同的事情。通常艺术家都是一些说话温柔的人，他们关心的是内部的幻想和意象。但是，这正是使他们为任何强制性社会所害怕的东西。因为他们就是人类古老的造反能力的承载者。他们乐意使自己从混沌无序中浮现出来，以使之成为有形的东西，就像上帝在《创世记》中从混沌中创造出秩序一样。由于永远不满足于世间的、冷漠的和习俗的东西，他们总是努力奔向更新的世界。这样他们便成为"人类未被创造出来的良心"（uncreated conscience of the race）的造物主。

这就需要有一种强烈的情绪，一种提升了的生命力——因为难道生命力不是永远和死亡相对立的吗？我们可以用许多不同的名称来称呼这种强烈的情绪。我的选择是称之为感情激昂（rage）。当代诗人斯坦利·库尼茨（Stanley Kunitz）宣称，"诗人是由于感情激昂才写出诗歌来的"。这种感情激昂对于点燃诗人的激情、唤起他的能力、在狂喜中把像火焰般的顿悟（insight）聚集起来是必需的，这样他就能够在诗歌中超越他自己。这种感情激昂是针对不公正的，在我们的社会中当然存在着很多不公正。但是，归根结底，它是针对所有不公正的原型（即针对死亡）的感情激昂。

我们回忆起另一位当代诗人迪伦·托马斯（Dylan Thomas）在他父亲去世时所写的一首诗的前几行：

> 不要轻轻地走进那美好的夜晚，
> 在一天结束之际会有那燃烧和咆哮的老年；
> 这是感情激昂，针对阳光消亡的感情激昂。

而且这首诗的结尾写道：

> 您啊，我的父亲，躺在那悲哀的高山之巅，
> 现在我请求您，用您那满腔的热泪诅咒我、赐福我。
> 不要轻轻地走进那美好的夜晚。
> 这是感情激昂，针对阳光消亡的感情激昂。

注意，他并不只是要求得到赐福，"用您那满腔的热泪诅

咒我"。也请注意，写这首诗的人是迪伦·托马斯，而不是他的父亲。父亲不得不面对死亡，并且以某种方式接受死亡。但儿子却表达了永久的反抗精神——其结果，我们便有了这首诗的优美片段。

这种感情激昂和死亡的理性概念根本就没有任何关系，在理性的死亡概念中我们站在死亡体验之外，对死亡做出客观的统计学的评论。这总是和某个人的死亡有关，而不是和我们自己的死亡有关。我们都知道，每一代，无论是树叶、花草，还是人类或者任何其他生物，都必然会死亡，以使新的一代得以诞生。我是在另一种不同的意义上谈论死亡的。一个孩子有一条狗，这条狗死了。这个孩子的悲伤中混合着深深的怒气。如果有人试图以客观的、进化的方式向他解释死亡——一切事物都会死亡，狗比人类死得更快——他很可能会跳起来打这个做这种解释的人。不管怎么说，这个孩子很可能完全知道所有这一切。他的真实的丧失和背叛感来自以下这个事实：他对这条狗的爱以及这条狗对他的忠诚现在都消失了。我所谈论的就是对死亡的这种个人的、主观的体验。

当我们进入老年之后，我们学会了怎样更好地相互理解。很有希望的是，我们也学会了更本真地去爱。理解和爱需要一种智慧，这种智慧只能随着年龄的增长而到来。但是，在智慧发展的最高点，我们将消亡。我们将再也看不到树叶在秋天变红。我们将再也看不到小草在春天轻轻地破土而出。我们每个人将只会变成一种记忆，这种记忆一年比一年黯淡。

这个最艰难的真理被另一位现代诗人玛丽安娜·穆尔（Marianne Moore）用这样的话语表达出来：

什么是我们的天真，

什么是我们的罪疚？所有的一切都是

赤裸的，哪里也不安全。那么勇气

从哪里来……

然后，在对死亡以及我们怎样才能面对死亡进行了一番思考之后，她这样结束了她的诗：

所以他强烈地感受到，

做出行为。就是那只鸟，

他在唱歌、飞翔中长高，

他形态直立。尽管他被人捉住，

他的强有力的歌声

说道，满足是一件低贱的

事情，纯洁的事情才是欢乐。

　　这就是不朽，

　　这就是永生。

这种不朽最终变成了以其对立面永生作为最后的应答。

9

对许多人来说，反叛和宗教的关系将是一个很难获悉的真理。它本身带有终极的矛盾。在宗教中，最终受到赞扬的并不是拍马屁的谄媚者，也不是最忠诚地坚守现状的人，而是反抗者。请回忆一下，在历史上圣贤和反叛者就是同一个人，这种情况是多么经常地发生啊。苏格拉底是一个反叛者，他被判处饮鸩身亡。耶稣是一个反叛者，他为此被钉死在十字架上。圣女贞德是一位反叛者，她被绑在火刑柱上烧死。

但是，这些人物以及数以百计和他们一样的人，尽管受到他们同时代人的排斥，却受到了后代人的认可和崇拜，人们认为他们在道德和宗教方面为文明做出了最重大的创造性贡献。

那些我们称为圣贤的人，依据他们对神性的最新顿悟，对一种过时的和不适宜的上帝形象进行反叛，导致他们死亡的教义提高了他们社会的道德和精神水平。他们觉察到，宙斯，那位好嫉妒的奥林匹斯山主神，再也不会那样做了。因此，普罗米修斯代表了一种怜悯的宗教。他们反叛耶和华，这位以数以千计的腓力斯人的死亡而自豪的希伯来人的原始部落之神。然后爱和公正之神阿莫斯、以赛亚以及耶利米这些新的幻想产生出来取代了他。他们的反叛是受他们对神圣的意义的新洞见驱动的。正如保罗·蒂利希如此美妙地阐明的，他们是以超越上帝的上帝的名义来反叛上帝。在宗教领域中，这个超越上帝的上帝的持续出现就是创造性勇气的标志。

无论我们可能处在什么领域，在实现中我们都会产生深刻的快乐，这种实现就是我们帮助形成了新世界的结构。这就是创造性勇气，无论我们创造的东西可能多么微不足道或多么偶然。这样我们就可以快乐地说，欢迎您，哦，生命！我们数以百万次地在我们灵魂的铁匠铺里锻造着人类没有被创造出来的良心。

第二章
创造的本质

    当我们考察过去50多年来关于创造性的心理学研究和作品的时候，最触动我们的第一件事情就是材料的普遍缺乏和研究的不适当。在威廉·詹姆斯的时代之后以及在20世纪的前50年期间的学院心理学中，这个主题被视为非科学的、神秘的，会对受过科学训练的研究生造成干扰或太多腐蚀的东西而遭到普遍回避。而且，当人们在实际进行某些创造性研究时，他们所针对的是一些如此边缘的领域，以致有创造性的人本身就觉得，它们和真正的创造性几乎没有关系。从根本上说，我们所提出的是一些老生常谈或毫不相关的事情，艺术家和诗人会对此付之一笑，他们会说，"是的，很有意思。但是这并不是我在创造性活动中所发生的事情"。幸运的是，近20年已经在发生某种改变，但是创造性仍然是心理学的一个非亲生子，情况也确实如此。

    在精神分析和深蕴心理学中，情况略微好一些。我还清楚地记得 20 多年前的一件事，我带着这种生动的印象回到家里，深谙心理学关于创造性的理论过于简化和不适当。有一年夏天，我和 17 位艺术家组成的群体在欧洲中部旅游，研究农民艺术并把它们画下来。当我们在维也纳的时候，阿尔弗莱德·阿德勒（Alfred Adler）（我认识他而且我还参加过他的暑期学校）邀请我们大家到他家去举行一个私人讲座。在他演讲的过程中，在他的会客室里，阿德勒提到了他关于创造性的补偿理论——人类产生了艺术、科学和文化的其他方面，以便补偿他们自己的不适当性。牡蛎把侵入到其贝壳中的沙粒藏匿起来生成珍珠，这常常被作为一个简单的例证而得到引用。贝多芬的耳聋也是许多著名的例子之一。阿德勒曾引用过，指出有高度创造性的个体是怎样通过他们的创造性活动来补偿某些缺陷或器官自卑的。阿德勒还相信，人类创造了文明是为了补偿他们在地球这个不友好的外壳上相对弱势的地位，以及补偿他们的牙齿和手脚在动物世界中的不适当性。此时阿德勒完全忘记了他是在和一群艺术家说话，他环顾了一下房间说道，"由于我发现你们中很少有人戴眼镜，我可以假设，你们对艺术并不感兴趣"。这个补偿理论的过分简化就这样戏剧性地暴露出来。

这个理论确实有某些优点，而且是这个领域的学者们必须考虑的重要假设之一。但它的缺点在于，它并没有应对创造性过程本身。在个体身上发生的这些补偿倾向将会影响他或她的创造性意志将要采取的形式，但是它们并不能解释创造性过程本身。补偿的需要会影响文化或科学中的这种特殊的架构或方向，但它们并不能解释文化或科学的创造性。

正因为如此，我很早就在我的心理学生涯中学会了用大量怀疑的眼光来看待这些对创造性进行解释的流行的理论。我还学会了总是提出这个问题：这个理论应对的是创造性本身，还是它应对的只是创造性活动的某些人造制品，某些不完全的、边缘的方面？

关于创造性的其他广泛流行的心理学理论有两个特点。第一，它们是还原的（reductive）——就是说，它们把创造性还原到某一其他过程。第二，它们普遍认为，具体地讲，创造性就是神经症模式的一种表现。在精神分析圈内创造性的通常定义是"服务于自我的退行"。"退行"（regression）这个术语立即就表现出还原论的倾向。把创造性理解为把它还原到某一其他过程，或者它基本上就是神经症的一种表现方式，对这种内涵我强烈地表示不同意。

创造性当然和我们特殊文化中的某些严重的心理问题有关——凡·高（Van Gogh）患了精神病，高更（Gauguin）似乎患上了精神分裂症，爱伦·坡（Poe）是一个酗酒者，弗吉尼亚·伍尔芙（Virginia Woolf）患了严重的抑郁症。显然，创造性和原创性（originality）与那些不适应其文化的人是有关系的，但是这并不一定意味着创造性就是神经症的产物。

创造性与神经症的联系给我们呈现出一个两难困境——就是说，如果我们通过精神分析治愈了艺术家们的神经症，他们是否再也不会有创造性了呢？这种二分法以及许多其他的二分法，都起源于那些还原的理论。再者，如果我们是从感情或驱力的某种迁移（transfer）中进行创造的，就像在升华中所隐含的那样，或者如果我们的创造性只是某种力图完成某件事情的努力的副产品，就像在补偿中那样，那么我们的这种创造性活动是否就只有一种虚假的价值了呢？确实，对于天才是一种疾病，而创造性是一种神经症这种含义，我们必须采取一种强硬的立场来表示反对，无论这些含义可能会怎样悄悄地潜行进来。

1. 什么是创造性？

当我们对创造性进行界定的时候，我们必须做出区分，一方面是其虚假的形式——就是说，创造性是一种表面的唯美主义，而另一方面是其本真的形式——就是说，把某种新的东西带入到存在中来的过程。最关键的区分是艺术的人造性 [就像在"技巧"（artifice）或"人工的"（artful）之中那样] 和真正的艺术之间的区分。

　　这就是多少世纪以来艺术家和哲学家力图搞清楚的一种区分。例如，柏拉图把他那个时代的诗人和艺术家贬低到现实的第六圈，他说，因为他们所应对的只是一些表面现象，而不是现实本身。他把艺术看作装饰，一种使生活更美的方式，一种对外表的处理。但是，在他后来的那个美妙的对话集《会饮篇》中，他描述了他所谓的真正的艺术家——那些导致某些新现实产生的艺术家。他认为，这些人以及其他有创造性的人才是表现出存在本身的人。正如我所要说的，这些人就是扩展了人类意识的人。他们的创造性就是在这个世界上实现他或她自己存在的一个男人或女人的最基本的表现。

　　如果我们想要把对创造性的探究深入到表面之下，那么我们就必须做出以上清楚的区分。这样我们就不是在从事一些业余癖好、自行其是的运动、周日绘画或其他任何形式的打发休闲时间的活动。创造性的意义在哪里也没有在以下这种观念中损失更惨重的了，这种观念认为，这只不过是你只有在周末才做的事情而已。

探讨创造性过程一定不要把它当作疾病的产物，而要把它视为代表了最高度的情绪健康，视为正常人在实现自己的活动中的表现。创造性只有在科学家的研究中以及在艺术家的作品中，在思想家以及在美学家身上才能看到。人们一定不要忽略创造性在当代技术的首领身上以及在母亲与其子女的正常关系中所表现出来的程度。正如《韦氏大词典》所正确指出的，创造性基本上就是制造、使之产生的过程。

2. 创造的过程

现在我们不妨深入地探究一下创造性过程的本质，通过努力尽可能精确地描述在进行创造性活动时在个体身上所实际发生的事情来寻找我们的答案。我谈论的主要是艺术家，因为我认识他们，与他们一起工作过，而且在某种程度上我自己就是一个艺术家。这并不意味着我低估了其他活动中的创造性。我设想，对创造性本质的如下分析将适用于所有从事创造性活动的人。

在创造性活动中我们注意到的第一件事情就是，它是一种交会（encounter）。艺术家们遇到了他们想要描绘的风景——他们看着它，从这个角度和那个角度对它进行观察。正如我们所说，他们全神贯注于此。或者，在抽象派画家那里，这种交会可能是和某种观念、某种内在幻想的交会，这种交会也可能反过来是由调色板上鲜艳的色彩引发的，或者是由画布上的那种诱人的粗糙的白色引发的。这时，油画、画布和其他材料便成为这种交会的一个次级部分；正如我们所正确认为的那样，它们就是它的语言，即媒介（media）。或者说，是科学家在一种类似的交会情境中面对的他们的实验，他们实验室的任务。

这种交会可能包含，也可能不包含意志努力（voluntary effort）——"意志的力量"（will power）。例如，一个健康孩子的游戏也具有交会的基本特征，而且我们知道，它是成人创造性的重要原型之一。最主要的问题并不在于是否存在意志努力，而在于全神贯注的程度，在于其强烈程度（我们将在后面详细讨论）；投入（engagement）一定具有某种特殊的性质。

现在我们偶然发现了一个重要的区分，这是在一方面是虚假的、逃避现实的创造性和另一方面是真正的创造性之间的区分。逃避现实的创造性（escapist creativity）就是缺乏交会的创造性。我在用精神分析方法治疗一个年轻人时，曾经有一个生动的例子可以对此加以说明。这个人是个天赋很高的专业人士，有着丰富多样的创造性潜能，但他却总是还没有实现这些潜能就停下来。他会突然产生对一个绝妙故事的想法，会在心里把它设想出一个完整的轮廓，然后他就能立即把它写出来，并且玩味和欣赏这种心醉神迷的体验。然后他就会停在那里，什么东西也写不出来了。他把自己看作一个能够写作的人，看作一个正要进行写作的人，仿佛这种体验在其内部曾具有他实际上正在寻找的东西，并且是进行自行奖励的。因此他实际上从未进行过创造。

对他和对我来说，这都是一个令人相当迷惑的问题。我们对其中的很多方面进行了分析：他的父亲曾是一个多少有点天赋的作家，但却是个失败者；他的母亲曾大肆宣扬他父亲的作品，但在其他领域却只是对他父亲表示轻蔑。在他还只是一个小孩子的时候，这个年轻人就受到他母亲的溺爱和过度保护，而且常常表现为对他的偏爱要超过对他的父亲——例如，在吃饭时给他提供一些特殊的食物。显然，这个病人要想获得成功，就要和他的父亲竞争，并且面对一种可怕的威胁。对所有这一切以及其他更多的情况我们都进行了详细的分析。但是，一个至关重要的体验方面的联系却没有被我们察觉到。

有一天，这个病人走进来宣布，他有一个令人兴奋的发现。就在前天晚上，当他在读书的时候，他习惯性地突然产生了一个故事的创造性的观念流，而且他像通常一样以出现这种事情为乐。与此同时他也产生了一种独特的性感受。接着他第一次回忆起来，他总是恰好就是在这种失败的创造性时刻产生这种性感受。

我不打算对这些联想进行深入复杂的分析，这些联想表明，这种性感受既是对一种消极的舒适和肉欲满足的欲望，也是对任何女人都表示无条件欣赏的欲望。我只是想要表明，结果显而易见，他的那些想法的创造性"爆发"就是他要获得其母亲的欣赏和满足的方式；他需要向母亲和其他女人表明，他是一个多么好的、聪明的人。一旦他通过产生这些美妙的、崇高的幻想做到这一点，他也就达到了他想要达到的目标。在这种情况下他真正感兴趣的并不是创造，而是打算进行创造，创造性是服务于某一件完全不同的事情的。

现在，无论你可能怎样解释这种模式的原因，有一个核心的特点是很鲜明的——缺乏交会。难道这不是逃避现实的艺术的本质吗？除了交会之外，其他的一切都有了。而且难道这不是许多种艺术家表现癖的核心特征吗——兰克所谓想当艺术家而没有成功的人（artiste manqué）？我们还不能做出有效的区分，说一种艺术是神经症的，而另一种是健康的。由谁来对此进行判断呢？我们只能说，在各种表现癖的、逃避现实的创造性中，并没有真正的交会，没有与现实的相约。这并不是那个年轻人所追求的；他想要得到母亲的消极接受和赏识。在这种情况下，在负面的意义上谈论退行（regression）是很确切的。但是，关键的要点在于，我们探讨的是一件与创造性大相径庭的事情。

交会这个概念也使我们能够在才能（talent）和创造性之间做出重要的区分。天赋完全可能有其神经学上的相关物，可以作为一个人的"被给予物"（given）得到研究。无论一个男人或女人是否使用才能，他或她都会有才能；在这个人身上也很有可能测量到诸如此类的才能。但是，创造性只有在活动中才能看到。如果我们是纯粹派艺术家（purist），我们就不会谈论一个"创造性的人"，而只是谈论一种创造性的活动。有时，就像在毕加索（Picasso）的情况下那样，我们有很多的才能，同时也有很多的交会，因此，也就有很多的创造性。有时候我们有很多的才能和缩减了的创造性，就像许多人在司各特·菲茨杰拉德（Scott Fitzgerald）的情况下所感受到的那样。有时候我们会见到一个有高度创造性的人，但她似乎并没有太多的才能。这里说的就是小说家托马斯·沃尔夫（Thomas Wolfe），他是美国这个国家里有高度创造性的人物之一，他是一个"没有才能的天才"。但是，他是如此有创造性，因为他完全地使自己投身于他的材料和由此而引起的挑战之中——他之所以伟大，就是因为他的交会的强烈程度。

3. 交会的强度

这导致我们得出创造性活动的第二个成分——交会的强度（intensity）。"全神贯注""被吸引住""全身心地投入"等词汇通常用来描述艺术家或科学家在创造时甚至小孩子在游戏时的那种状态。无论人们给它起个什么名字，真正的创造性的特点就是觉知的强度，它是一种被提高了的意识。

艺术家，以及你和我在强烈交会的时刻，都会体验到相当明确的神经变化。这些变化包括心跳加快、血压升高、视觉的强度和收缩增加，并伴有眼睑收缩，这样我们才能更生动地看到我们所描画的景色；我们忘记了周围的一切（也忘记了时间的流逝）。我们会体验到食欲减退——致力于创造性活动的人在当时失去了对吃饭的兴趣，很可能在吃饭时仍在工作而没有注意到它。现在，所有这一切都和抑制自主神经系统的副交感神经系统发挥作用相对应（它和轻松、舒适、营养情况有关），而且和交感神经系统的激活相对应。嗨，你瞧，我们的描述竟然和沃尔特·B. 坎农（Walter B. Cannon）描述为"焕发斗志"的机制相同，这是有机体进行战斗或逃避时的能量聚集。广义地说，这就是我们在焦虑和恐惧中所发现的神经对应物。

但是，艺术家或有创造性的科学家所感受到的并不是焦虑或恐惧；它是快乐（joy）。我用这个词来和幸福或愉快进行对比。在进行创造的时刻，艺术家并没有体验到满足或满意（尽管后来当他或她在傍晚喝了一杯威士忌或白兰地或者抽了一袋烟之后，可能会有这种体验）。相反，它是一种快乐，一种被界定为伴随着高度意识的情绪，伴随着体验到实现自己潜能的心境。

现在这种强度的觉知并不一定和意识的目的或意志行动相联系。它可能会在梦想或在梦中出现，或者从所谓无意识水平中产生。纽约的一位著名教授曾讲述过一个可以作为例证的故事。他寻找某一特殊的化学公式有一段时间了，但一直没有成功。一天晚上，他在睡觉的时候做了一个梦，在梦中这个公式被计算出来，并且展示在他的面前。他醒了，在黑暗中他兴奋地把它写在一张绵纸上，这是他所能找到的唯一的东西。但第二天早上他却认不出他自己潦草的笔迹。此后每天晚上，在去睡觉时，他都把注意力集中在再做一遍那个梦上。幸运的是，几个晚上之后他又做了那个梦，于是他把公式完整地写下来了。这正是他所寻找的公式，为此他获得了诺贝尔奖。

虽然我们没有如此戏剧性地获得过这种奖励，但我们都有类似的体验。即便当时我们并没有有意识地觉察到它们，构形、制造和建造的过程也一直在进行。威廉·詹姆斯曾经说过，我们要学会在冬天游泳和在夏天滑冰。无论你是希望根据无意识的某种系统阐述来解释这些现象，还是愿意追随威廉·詹姆斯，把它们和某些神经过程联系起来（即使我们没有研究这些过程，它们也继续存在），或者是像我这样，愿意采取某种其他观点，都可以很清楚地发现，创造性是在不同的强度水平上表现出来的，不是直接在有意识的意志控制之下的。因此，我们所谈论的这种被提高了的觉知丝毫也不意味着自我意识的增强。相反，它与纵情放任和全神贯注相关，而且它还包含着觉知在整个人格中的提高。

但是，我们马上就会指出，在梦中出现的无意识洞见或对问题的无意识解答并不是漫无目的地产生的。它们可能确实是在放松的时候或在幻想中出现的，或者有时候是在我们交替地一会儿游戏一会儿工作时出现的。但是，我们完全清楚的是，它们和那些领域有关，在这些领域中个体有意识地进行了艰苦的和有献身精神的研究。和通常所谓意志力相比，人类的目的是一个复杂得多的现象。目的（purpose）包含所有水平的体验。我们不能用意志去产生顿悟。我们不能用意志进行创造。但我们能用意志使我们自己与一定强度的献身和奉献交会。觉知的更深刻方面是被这个人参与到交会中去的程度激活的。

我们也必须指出，不要把这种交会的强度和所谓创造的狂欢（酒神狄俄尼索斯经常出现的那种状态）方面相认同。在关于创造性产品的著作中你常常会看到人们对"狄俄尼索斯"（Dionysian）这个词的使用。采用了古希腊醉酒之神和其他的狂欢形式，这个术语指的是生机活力的高涨，指的是纵情放任，它具有狄俄尼索斯的那种古代的狂欢特点。在其重要著作《悲剧的诞生》中，尼采引用了狄俄尼索斯的激情澎湃的生机活力原则和阿波罗的形式及理性秩序原则，把它们作为在创造中发挥作用的两个辩证原则。许多学者和作家也都设想过这种二分法。

这种狄俄尼索斯的强度方面可以相当容易地用精神分析

的方法进行研究。很可能几乎每一位艺术家都曾尝试在某一时刻在酒精的影响下进行绘画。通常发生的情况就是人们所期待的，而且它的发生是和酒精消费的多少成正比的——就是说，艺术家认为他或她正在大显身手，确实比平时做得好，但实际上，第二天早上在看这幅绘画时却注意到，他或她画的实际上并不比平时好。当然，狄俄尼索斯纵情放任的时候是很有价值的，特别是在我们的机械化文明中，创造和艺术几乎被那些常规的时间记录钟和参加没完没了的委员会议饿死，被制作更大量的论文和书籍的压力饿死，这些压力对学术界造成的侵害比对工业界更加致命。我渴望"狂欢"时的那种有益于健康的效应，例如在地中海沿岸国家仍然存在的那些效应。

但是，应当把创造性活动的强度和交会客观地联系起来，而不只是通过艺术家所"感受到"的某种东西得到释放。酒精是一种镇静剂，而且可能是工业文明中所必需的；但是，当一个人需要经常用它来感受到抑制的释放，那么他或她就是对这个问题称呼不当。实际上这个问题是，首先为什么会有抑制。服用这类药物会出现生机活力的高涨和其他效应，心理学对这些现象所做的研究是非常有趣的；但一个人必须把它和伴随着这种交会本身的强度明确地区分开来。不只是因为我们自己发生了主观的改变才会出现交会；相反，交会代表着与客观世界的一种真实的关系。

狄俄尼索斯原则的这个重要和深刻的方面就是"心醉神迷"（ecstasy）。它和狄俄尼索斯的狂欢是有关联的，古希腊戏剧即由此发展而来，这种狂欢就是创造性的最高点，它达到了形式与激情、秩序与生机活力的一种统一。心醉神迷就是这种统一出现时用来说明这个过程的一个技术术语。

心醉神迷这个主题是我们应该在心理学中给予更积极的关注的一个主题。当然，我使用这个词并不是在"歇斯底里"这个词的流行和通俗的意义上使用的，而是在"ex-stasis"这个词的历史的和词源学意义上使用的——就是说，字面的意思是"从……突出出来"，从通常的主客观分离中释放出来，它是大多数人类活动中的一种永恒的二分法。心醉神迷是用来说明在创造性活动中出现的意识强度的精确术语。但是，不要认为它只是一种酒神的"发泄"（Bacchic "letting go"）；它包括整个人，下意识和无意识在和意识一起发挥作用。因此，它并不是非理性的，相反，它是超理性的。它使理智的、意志的和情绪的功能一起发挥作用。

在我们传统的学院心理学看来，我所说的话可能听起来很奇怪。它应该听起来很奇怪。我们的传统心理学是建立在主客二分基础上的，它是过去400多年来西方思想的核心特点。路德维希·宾斯万格（Ludwig Binswanger）把这种二分法称为"迄今为止所有心理学和精神病学的癌症"[1]。行为主义或操作主义都无法避免患上这种癌症，它们都只是用客观的术语来对体验进行界定。把创造性体验作为一种纯粹的主观现象隔离开来也无法避免患上这种癌症。

大多数心理学和其他现代思想流派仍然假设有这种分离，而没有觉察到这种癌症。我们倾向于把理性放在情绪之上。作为这种二分法的一个副产品，我们设想，如果不把我们的情绪包含在内，我们就能更精确地观察到某些事情——就是说，如果在这件事情上我们和情绪一点关系也没有，我们就会最少产生偏见。我认为这是一种极端恶劣的错误。例如，现在在罗夏（Rorschach）墨迹测验的反应中就有一些数据表明，正是当人们有情绪参与时，他们才能观察得更精确——就是说，当有情绪在场时，理性才能更好地发挥作用；当这个人把情绪参与进去的时候，他会看得更敏锐、更精确。确实，除非我们让某种情绪参与其中，否则我们就不可能真正看到一个客体。理性在心醉神迷的状态下才能最好地发挥作用，这是完全有可能的。

必须把狄俄尼索斯和阿波罗相互联系起来。狄俄尼索斯的生机活力是以这个问题为基础的：交会是以什么方式释放生机活力的？与景色或内在幻想或观念的什么特殊关系提高了意识，产生了强度呢？

4. 与世界相关联的交会

最后，我们根据下述问题来分析创造性活动：这种强烈的交会是和什么发生的呢？一种交会总是两个极端之间的会面。主观的一极就是在创造性活动本身中的那个有意识的个人。但是，这种辩证关系的客观的一极是什么呢？我将使用一个听起来过分简单的术语：它就是艺术家或科学家与他的世界的交会。我的意思并不是指作为环境的世界，或者作为"事物总体"的世界，我也根本不是指与某一主体有关的那些客体。

世界就是一些有意义关系的模式，一个人存在于其中，而且他或她也参与到这些关系的设计之中。可以肯定，它具有客观现实性，但却并不仅限于此。世界在每一时刻都与这个人相关联。在世界与自我以及自我与世界之间发生着一种持续的辩证过程；一个当中隐含着另一个，如果我们忽略了另一个，那么谁也无法得到理解。这就是一个人绝不可能把创造性定位为一种主观现象的原因；一个人绝不可能仅仅根据在这个人内部所发生的事情来研究它。世界的这一极是一个人的创造性的不可分离的一部分。所发生的事情总是要有一个过程，一个做的过程——尤其是一个把这个人和他或她的世界相互关联起来的过程。

艺术家们是怎样与他们的世界交会的，这可以在每一个真正有创造性的画家的作品中得到例证。从许多诸如此类的可能的实例中，我将选择1957—1958年纽约古根海姆博物馆（Guggenheim Museum）中美妙的蒙德里安（Mondrian）绘画展为例。从他1904—1905年最初的现实主义作品，一直到他后来在20世纪30年代的长方形和正方形的几何图画，人们可以看到，他一直在努力发现他正在绘画的客体（特别是树）的潜在形式。他似乎很喜欢树。1910年左右的绘画，一开始有点像塞尚的作品，后来则越来越深入到树的潜在意义——树干充满生机地从深植着树根的土地上长出来；树枝以立体派艺术家的形式弯曲着并下垂到作为背景的树木和群山之中，这美妙地说明树的潜在本质就是我们大多数人的潜在本质。接着我们看到，蒙德里安越来越深入地努力，想要发现大自然的"土地形式"；现在潜藏在所有现实背后的不再是树，而更多的是永恒的几何形式。最后，我们看到他在无情地向正方形和长方形推进，这是纯粹抽象派艺术的终极形式。这是非人的吗？当然是的。个体的自我丧失了。但是，这不正是蒙德里安对世界的反思吗？——那个20年代和30年代的世界，那个出现法西斯主义、盲从、军事力量的世界，在这个世界中个体不仅感受到丧失，而且确实丧失了，个体与自然和他人相疏离，以及与他自己相疏离。尽管有个体的"丧失"，但蒙德里安的油画表现了在这样一个世界中的创造性力量，表现了一种肯定。在这个意义上说，他的作品是在寻求个体性的基础，这种个体性能够阻挡这些反人类的政治发展。

认为艺术家只不过是在"绘画自然"，仿佛他们只是树木、湖泊和山峦的与时代不合的摄影师，这是很荒唐的。对他们来说，大自然是他们用来揭示其世界的一个媒介、一种语言。真正的画家所做的就是揭示他们与其世界的关系的那些潜在的心理和精神状况；因此，在伟大画家的作品中，我们能够对那个历史时期人类的情绪和精神状况进行反思。如果你希望了解任何历史时期的心理和精神特征，再也没有比你长久而又彻底地看一看它的艺术更好的了。因为在艺术中，那个时期潜在的精神意义是直接在象征中表现出来的。这不是因为艺术家是说教的，或打算教诲别人或者进行宣传；当他们在一定程度上这样做的时候，他们的表现力就破裂了；

他们与无法用言语表达的事物，或者如果你愿意这么说的话，与"无意识"水平上的文化的关系就被破坏了。他们之所以有力量揭示任何时期的潜在意义，正是因为艺术的本质就是艺术家与他或她的世界之间的那种强有力的和活生生的交会。

这种交会没有比在 1957 年著名的纽约第 75 届毕加索展览中表现得更生动的了。性格比蒙德里安开朗的毕加索，是他那个时代的一位杰出的发言人。甚至在他 1900 年左右的早期作品中，他的广泛才能就已经显而易见了。而且，在 20 世纪前十年的那些关于农民和穷人的现实主义气息十足的绘画中，就已经显示了他和人类所遭受的痛苦之间的感情关联。然后你就能够看到在随后的每一个十年他的作品中所表现出来的那种精神气质。

例如，在 20 世纪 20 年代初期，我们发现毕加索绘画的是古希腊的经典人物，特别是在大海边的游泳者。在展览会上的这些绘画中表现出一种逃避现实作品的味道。难道 20 世纪 20 年代，即第一次世界大战之后的十年，不正是在西方世界出现逃避现实作品的时期吗？在 20 年代末 30 年代初，这些海边的游泳者变成了一块块金属的、机械的、灰蓝色的、弯曲的钢铁。虽然确实很漂亮，但却是没有人格、非人性的。而且在展览会上这些作品的吸引人之处就在于它有一种不祥的预感——预示着这样一个时代的开始，人就要变成非人的客观化的成员。这是对开始出现"人，轰炸机"的不祥预测。

接着在 1937 年出现了《格尔尼卡》这种伟大的绘画作品，人物被撕裂开，相互分离，都是以轮廓明显的白色、灰色和黑色绘画的。毕加索画的就是对西班牙革命时期法西斯的飞机轰炸无助的西班牙城镇格尔尼卡的那种非人性的行为的愤怒；但还远非仅限于此。这是对可以想象得到的当代人所处的原子论的、分裂的、分离状态的最生动刻画，并且隐含着与此相伴随的顺从、空虚和绝望。随后在 30 年代末和 40 年代，毕加索的绘画变得越来越像机械——人确实变成了金属。面孔变得扭曲了。人、个体仿佛再也不存在了；他们的地位被丑陋的老巫婆取代。此时这些图画没有被命名，而是进行了编号。这位艺术家在其早期所使用的以及给人带来快乐的那种鲜艳的色彩，现在却大部分消失了。在展览会的这些房间里，人们感受到仿佛黑暗在中午降临到地球上了。就像在卡夫卡的小说中一样，人们获得的是现代人丧失了人性这种僵硬的和扣人心弦的感受。我第一次看这个展览的时候，就为这些预示着人类失去了他们的面孔、他们的个体性、他们的人性，以及对轰炸机就要到来的预测的绘画所压倒，以致我再也看不下去，只好急忙走出屋子再次走到大街上。

当然，毕加索自始至终都通过用"游戏"绘画和雕刻来表现动物以及他自己的孩子。但是，其主体作品是对我们的现代状况的描绘，里斯曼（Riesman）、芒福德（Mumford）、蒂利希等人都对此做了心理学的描绘，这是显而易见的。总的说来，这是对在失去他们的个人和人性过程中的现代男人和女人的一种难以忘怀的描绘。

　　在这个意义上说，真正的艺术家与他们的时代是如此息息相关，以致他们无法与此相分离地进行交流。还是在这个意义上说，历史的情境成为创造性产生的条件。在创造性中所获得的意识并不是表面层次的客观化的理智化，而是在从根本上切断主客分离水平上的一种与世界的交会。重新用短语来描述我们的定义就是，"创造性就是有强烈意识的人与他或她的世界的交会"。

注释

[1] Ludwig Binswanger, in *Existence: A New Dimension in Psychology and Psychiatry*, eds. Rollo May, Ernest Angel, Henri F. Ellenberger（New York, 1958）, p.11.（为方便读者查找文献，文献部分未作翻译。——译者注）

第三章
创造和潜意识

　　每个人都会不时地使用诸如此类的表达方式，例如，"一种突然闪现出来的想法"，"一闪念"，或者"豁然开朗"，或者"就像做梦一样"，或者"我恍然大悟"。这是描述一种共同体验的多种方式：这种体验是来自觉知水平之下某一深度的一些观念的突破。我把这个领域称为"潜意识"，作为一个容纳下意识（subconscious）、前意识（preconscious）以及在觉知以下的其他维度的容器。

　　当我使用"潜意识"这个词语的时候，我的意思当然是把它当作一种速记。实际上并没有"潜意识"这种东西，相反，它是经验的一些潜意识的维度（或方面或根源）。我把这种潜意识界定为个体无法实现或不会实现的觉知的潜能或行为的潜能。这些潜能就是能够被称为"自由创造性"的东西的根源。对潜意识现象的探索与创造性有一种令人着迷的关系。创造性的根源就在人格的这些潜意识深处，那么创造性的本质和特点是什么呢？

1

我希望通过把我自己经历过的一个事件关联起来，作为我们对这个主题进行探讨的开端。当我还是一个对《焦虑的意义》进行研究的研究生时，我曾对一群未婚母亲做过研究——生活在纽约市一个棚户区、年龄在20岁左右的怀孕的年轻女性。[1] 我曾有过一个很好的关于焦虑的合理假设，我的教授批准了这个假设，我也批准了这个假设——个体朝向焦虑的先天倾向与她们受到其母亲拒绝的程度成正比。在精神分析和心理学中，这一直是一个被普遍接受的假设。我设想，像这些年轻女性这样的人，她们的焦虑会受到未婚先孕这种产生焦虑的情境的暗示。这样我就能够更加公开地研究她们的焦虑的最初根源——母亲的拒绝。

现在我发现，其中有一半女性非常符合我的假设，但另一半却一点也不符合。后面这个群体包括来自哈勒姆和纽约东下区的一些年轻女性，她们曾受到其母亲的强烈拒绝。其中有一个我将称为海伦的人，她来自一个有12个孩子的家庭，她们的母亲在夏季的第一天就把她们赶出了家门，让她们和她们的父亲在一起，她们的父亲是一个在哈德逊河上下开大型游艇的人。海伦被她的父亲搞得怀了孕。当她还在棚户区的时候，海伦的父亲就被她的姐姐指控他在新新监狱（Sing Sing）[①]对她实施强奸。和这个群体的其他年轻女性一样，海伦对我说，"我们有麻烦，但我们并不着急"。

在我看来这是一件非常难以理解的事情，我一度很难相信这份资料的真实性。但事实似乎很清楚。就我通过罗夏墨迹测验、主题统觉测验（TAT）以及所使用的其他测验所能阐明的来看，这些曾受到过强烈拒斥的年轻女性并没有产生任何不同寻常的焦虑。虽然被她们的母亲赶出了家门，她们却和街上的其他年轻人结交成了朋友。因此，她们并没有出现根据我们在心理学中所了解的东西而预期的那种焦虑的预先倾向。

怎么可能会是这样的呢？是这些被拒斥的、未曾体验过焦虑的年轻女性变得坚强、冷漠了，以致她们没有感受到这种拒斥吗？对此做出这种回答显然是不可取的。心理变态或反社会类型的人也是体验不到焦虑的人，难道她们是这种类

---

① 美国纽约州的一个大型监狱。——译者注

型的人吗？还是不能这样回答。我发现自己被一个无法解决的问题难住了。

有一天傍晚，我把在那间棚户屋的小办公室里的书和论文推到一边，走到大街上，向地铁方向走去。我很疲倦。我努力想把所有的麻烦事全都驱赶出我的心灵。在距离第八大街车站入口大约 50 英尺 ^① 远的地方，我"突然间"产生了一种想法，正如一种并非不适当的表述所说的那样，这些不符合我的假设的年轻女性全都来自无产阶级家庭。在产生这种想法的同时，其他想法也倾泻而出。当一个全新的念头从我的心灵中迸发出来的时候，我认为我还没有来得及反应过来。我认识到我的全部理论必须加以改变。我马上就发现，导致焦虑的原始创伤并不是母亲的拒绝，而是就拒绝所做的撒谎。

那些无产阶级的母亲拒绝她们的孩子，她们对此毫不犹豫。孩子们知道她们受到了拒绝；她们于是走上街头并且找到了其他伙伴。她们的母亲对她们所处的情境从未使用过任何狡猾的逃避手段。她们知道她们的世界——好的世界和不好的世界——她们能够使自己适应这种环境。但是，中产阶级的年轻女性却总是受到她们家庭谎言的欺骗。母亲假装爱

---

① 1 英尺约合 0.304 8 米。——译者注

她们，但她们受到的却是母亲的拒绝。其实这才是她们焦虑的根源，而不是简单的拒绝。我发现，来自这些更深刻根源的顿悟具有即刻性特征，焦虑来自无法知道你所处的世界，无法使自己适应你自己存在的环境。就是在那里，在大街上，我相信了——而且以后的想法和经验只是使我更加确信——这是一种比我最初的理论更好的、更精确的和更优雅的理论。

2

当这种突破（breakthrough）出现的那一刻究竟发生了什么事情呢？以我的这次体验为开端，我们首先注意到，这种顿悟进入我的意识心灵，与我一直努力试图理性思考的东西针锋相对。我曾有一个很好的、合理的论点，我一直非常努力地想要证明它。可以说，这种潜意识的突破与我所一直坚持的意识信仰是对立的。

卡尔·荣格（Carl Jung）常常提出这种论点，在潜意识的体验与意识之间有一种两极性，一种对立。他相信这种关系是互补的：意识控制着潜意识的那些狂野的、非逻辑的奇思异想，而潜意识则使意识免于在干枯、空虚和枯燥的理性中失去生机活力。这种补偿也在一些具体问题上发挥作用：如果我有意识地把注意力过多地集中在某一问题的某一方面，我的潜意识就会倾向于另一方面。当然，这就是我们越是在潜意识中对某种观点持怀疑态度，我们就越是固执己见地在我们的意识论点中为此辩护的原因。这也是像大马士革路上的圣·保罗以及像波尔里大街上的酗酒者那样大不相同的人会经历某些剧烈转变的原因——被压抑的潜意识方面会辩证地奔涌而出，并使人格发生逆转。（如果我可以这样说的话）潜意识似乎是以突破——和分解——这些东西为乐，这些东西恰恰就是我们在意识思维中最刻板地坚守的东西。

在这种突破中出现的东西并不仅仅是成长，它的驱动力要强大得多。它不仅仅是觉知的一种扩展，而是一场战斗。在一个人的内心发生的一种动态的斗争，一方面是他或她有意识思考的东西，另一方面是努力想要诞生的某种顿悟、某种观点之间的斗争。因此，这种顿悟是随着焦虑、内疚和欢乐及满足一起产生的，而这些焦虑、内疚、欢乐和满足与一种新的观念或幻想的实现是不可分离的。

当这种突破发生时，罪疚感就会出现，而这种罪疚感的根源在于，实际上这种顿悟必定会对某些事物造成毁坏。我的顿悟毁坏了我的其他假设，而且会毁坏我的许多教授所相信的东西，这是一个引起我些许关注的事实。每当科学中的某种重大观念或艺术中的某种重要的新形式发生突破的时候，这种新的观念将毁坏许多人所信奉的对维持其理智世界和精神世界的存在至关重要的东西。这就是在真正的创造性工作中产生罪疚感的根源。正如毕加索所说，"每一种创造活动首先就是一种破坏活动"。

这种突破也带有某种焦虑的成分，因为它不仅打破了我以前的假设，而且动摇了我的自我和世界之间的关系。在这种时候，我发现我自己不得不寻找一个新的基础，至于这个基础是否存在，迄今为止我还不知道。这就是在突破时出现的那种焦虑的根源；在一种真正的新观念出现时，如果不发生某种程度的剧变，那是不可能的。

但是，正如以上所说，除了产生罪疚感和焦虑之外，与这种突破同时出现的主要感受就是某种满足感。我们已经看到了某种新的东西。我们对参与物理学家和其他自然科学家称为"优雅"（elegance）体验的活动感到快乐。

3

在这种顿悟的突破中出现的第二件事情是，我周围发生的一切突然间都变得生动起来。我还能记得，在我曾走过的某一条大街上，房子都被粉刷成一种难看的绿色，通常我宁愿立刻把它忘掉。但是，通过这种生动的体验，我周围的颜色却都艳丽起来并且牢牢地印在我的记忆中，当这种顿悟出现突破时，在这个世界的外面有一种半透明的东西，我的幻想变得格外清晰。我确信，这就是在突破时通常伴随着的潜意识体验向意识体验的转换。这又是这种体验使我们如此惊恐的一部分原因：这个世界，无论是内部世界还是外部世界，都呈现出一种可能暂时压倒一切的强度。这就是所谓心醉神迷的一个侧面——是潜意识体验与意识体验的统一，一种并非抽象的统一，而是一种动态的、即刻融合的统一。

我想要强调的是，我的顿悟的产生并非说明我仿佛是在做梦，使世界和我自己难以理解并且模糊不清。人们普遍认为，当一个人体验到这种顿悟状态时，其知觉是不敏锐的，但这是一种普遍的误解。我相信知觉实际上更加敏锐了。确实，其中的某一方面类似于一场梦，在这场梦中自我和世界可能会千变万化；但这种体验的另一方面却是对我们周围的事物产生了敏锐的知觉，与这些事物建立了一种生动的和半透明的关系。这个世界变得生动而难忘。这样，一些材料从潜意识中突破出来就包含着感觉体验的提升。

确实，我们能够把我们正在谈论的全部经验界定为一种提升了的意识状态。潜意识是意识的深刻维度，当潜意识在这种两极性的斗争中涌现出来进入意识的时候，其结果就是意识的增强。它提高的不仅是思维能力，而且是感觉过程；它当然也会增强记忆。

当这些顿悟出现时，我们所观察到的还有第三件事——就是说，这种顿悟从来就不是漫无目的的，而是与某种模式一致的，这种模式的一个基本成分就是我们自己的参与或投入（commitment）。这种突破并不只是通过"放松点儿"，通过"让潜意识去干吧"出现的。相反，这种顿悟就是在潜意识层面诞生的，恰恰就是在这些领域我们进行了最强烈的意识参与（投入），直到我在我的小办公室里放下我的书和论文的那一刻，对于那个我一直付出最好的和最多能量的意识思想的问题，我才产生了强烈的顿悟。突然出现的那种观念，那种新形式跃然而出，以便完成一个不完善的格式

塔 ①（Gestalt），这就是那个我在意识觉知中为之奋斗的格式塔。一个人可以相当精确地谈论这种不完善的格式塔，这种未完成的模式，这种没有形式的形式，认为它构成了由潜意识来响应的"号召"。

这种体验的第四个特点是，顿悟是在工作与放松之间发生转换时出现的。它是在意志努力期间休息时出现的。当我把书本放下，朝地铁方向走去的时候，我的心灵已经远离了那个问题，我的突破却出现了。仿佛是高度地专注于这个问题——对这个问题进行思考，与之进行斗争——使这个工作过程得以启动并且一直进行下去；但是，与我努力想要探究的东西不同的那个模式的一部分正努力想要应运而生。这就是包含在创造性活动中的那种紧张（tension）。如果我们太僵化、教条，或者坚持以前的结论，我们当然就绝不会让这种新的成分进入我们的意识，我们也将绝不会让自己觉察到在我们内心深处的另一层面上存在着这种认识。但是，直到意识的紧张、意识的专注得到放松的时候，通常才能够产生这种顿悟。这就是那种众所周知的现象，潜意识的突破要求强烈的、有意识的工作与放松交替进行，在发生转换的时刻，

---

① 格式塔是完形、整体的意思。——译者注

潜意识的顿悟常常随之出现，就像在我那种情况下一样。

阿尔伯特·爱因斯坦（Albert Einstein）曾在普林斯顿询问过我的一位朋友："为什么我的最好的想法是在早上我刮脸的时候出现的呢？"正如我一直努力在此说明的那样，我的朋友回答说，心灵需要使内部控制得到放松——需要在幻想或白日梦中得到释放——为的就是使那些不同寻常的念头出现。

4

现在我们不妨来考虑一下比我的体验更加复杂和更为丰富的体验，这是 19 世纪末 20 世纪初伟大的数学家朱利斯·亨利·波因凯尔（Jules Henri Poincaré）的一次体验。波因凯尔在其自传中极其清晰地告诉我们，这种新的顿悟和新的理论是怎样在他身上产生的，他生动地描述了在某种"突破"产生时所发生的情况。

15 天来我一直力图证明，不可能存在诸如我一直称为富克斯函数（Fuchsian functions）的任何函数。当时我还非常无知；每天我都坐在我的办公桌前，在那里逗留一两个钟头，尝试进行大量的组合，却往往毫无结果。有一天傍晚，我一反常态地喝了杯黑咖啡，睡不着了。一些念头蜂拥而至；我感到它们之间有冲突，直到它们连接成对时，可以说，形成了一种稳定的组合。到第二天早晨，我就确定存在一类富克斯函数，它们来自超几何级数；我只是把结果写了下来，这个过程只花费了几个小时。[2]

当他还是一个年轻人的时候，他被征募服兵役，在几个月的时间里他的思维活动中并没有发生什么事情。有一天，在法国南部的一个城镇里他乘上一辆公交车，和另一个士兵交谈着。正当他要把脚踏上台阶的时候——他当时正在对此进行精心思考——他的心中突然涌出了解决这个问题的答案，他所发现的这些新的数学函数是怎样与他此前一直思考的传统的数学问题相关联的。当我看到波因凯尔的这种体验时——这种体验是在我自己生活中的上述事件发生之后出现的——对于它在这种特殊的精确性与生动性方面有多么类似，我深受触动。他走上台阶，进入公交车，继续不停地与他的朋友谈话，但他却完全并即刻认识到这些函数与普通数学相关联的方式。

当他服兵役归来后，他在其自传的后一部分继续写道：

接着我把注意力转向某些算术问题的研究，这些问题显然并没有得到成功的解决，而且毫无疑问和我以前的研究有关。由于对我的失败感到烦闷，我便走出去在海边待了几天，并且思考一些别的事情。一天早上，当我在陡岸上走动时，突然产生了一个念头，这个念头恰恰具有简洁、突然和直接确定性这些相同的特点，不确定的三元二次方程的算术转换与非欧几里得几何学的转换是一致的。[3]

波因凯尔，这个时候成了一位心理学家，向他自己提出了这个我们在前面提出过的问题：这些念头为何竟会在此时脱颖而出？在心灵中究竟发生了什么事情呢？以下就是他在回答其问题时提出的看法：

起初最令人吃惊的是这种启发的突然出现，它是以前长期的潜意识研究的一种明确标志。这种潜意识研究在数学发明中的作用在我看来是无可争辩的，其踪迹可在其他不太明显的情况下发现。当一个人努力思考某个艰难的问题时，不可能一下子就取得好的结果。然后他或长或短地休息一段时间，重新坐下来进行研究。在最初的半个小时里，就像以前一样一无所获，接着一个决定性的念头突然涌上心头。或许可以说，之所以意识的工作更有成果，是因为它受到了阻碍，而休息则使心灵充满了力量且精力充沛。[4]

出现这种恍然大悟应归因于疲劳的解除——或者说只不过休息了一下吗？不，他回答说：

这种休息被潜意识的工作填补，此后这种工作的结果在这位几何学家的心头涌现出来，就像在我所引用的那些案例中一样，这种情况倒是更有可能发生；只不过这种恍然大悟不是在散步或旅行期间出现的，而是在意识工作期间出现的，但却并不依赖于这种工作，这种工作至多发挥的是某种兴奋作用，仿佛它是一个刺激物，使在休息期间已经获得的结果受到了刺激，但却保持在潜意识状态，采取的是意识的形式。[5]

随后他又继续对这种突破的实践方面做了另一个深刻的评论：

关于这种潜意识工作的状况，还有另一段话要说：如果它一方面在意识工作之前出现，另一方面在其后出现，才有可能而且肯定是有成果的。除非在几天的意志努力之后，看起来这些意志努力绝对没有效果，似乎也没有由此产生什么好的结果，所采取的方式似乎完全是错误的歧途，这些突然的灵感（而且已经引用过的那些例子足以证明这一点）才会产生。因此，这些努力并不是像一个人所认为的那样是毫无结果的。它们已经开动了潜意识的机器，如果没有它们，机器就不会发动起来，也不会产生任何结果。[6]

我们不妨对波因凯尔迄今所做的声明中的某些最重要的要点做个总结。他认为这种体验的特征如下：（1）启发的突然性；（2）顿悟可能会出现，而且在一定程度上一定会出现，并且与一个人有意识地在其理论中所坚持的东西相悖；（3）事件及其周围所发生的全部情景的生动性；（4）顿悟的简洁性与短促性，伴随着直接确定性的体验，继续伴随着他认为产生这种体验所必需的实际状况；（5）对突破之前的这个主题进行的艰苦研究；（6）一次休息，给"潜意识工作"一次机会，以便让其自行其是，此后才有可能产生突破（这是较普遍观点中的一个特例）；（7）交替性的工作与放松的必要性，顿悟常常出现在两者之间休息的片刻，或者至少是在休息的时候出现。

最后这个观点特别有趣。这很可能就是每个人都熟知的事情：如果教授们偶尔地在教室和海滩交替上课，他们在讲课时就会有更多的灵感；当作家们就像麦考利（Macaulay）经常做的那样，写上两小时，然后做一会儿掷铁圈游戏，再回来写作，他们就会写得更好。但是，其中包含的当然不只是机械地交替。

我认为，在我们的时代这种市场与大山（指工作与休息）的交替要求有建设性地使用孤独（solitude）的能力。它要求我们能够从一个"使我们负荷太重"的世界中隐身而退，我们能够安静下来，我们能让孤独为我们工作并且存在于我们内心之中。许多人都害怕孤独，这是我们时代的一个特征：认为孤独标志着一个人是一个社会失败者，因为如果一个人有办法的话，他或她就不会孤独。我常常产生这种想法，生活在我们这个闹哄哄的现代文明中的人们，在收音机和电视机的不断喧闹之中，使自己受到每一种刺激，无论这种刺激是消极的电视，还是更积极的谈话、工作和活动，这使得不断地专注于这些事情的人们发现，要让顿悟从潜意识深处脱颖而出，是特别困难的。当然，当一个人害怕这种体验的非理性方面——潜意识方面时，他便努力使自己保持忙碌，努力使他周围一直处于最"闹哄哄的"状态。通过不断地表现出剧烈的转向来避免产生孤独的焦虑，正是克尔凯郭尔在一个很好的比喻中所比拟的那种事情，美国早期的定居者们过去经常在晚上敲打坛坛罐罐，发出很大的喧闹声以便把狼吓跑。显然，如果我们想要体验到来自我们潜意识的顿悟，我们就必须能够使我们自己孤独。

波因凯尔最后问道：究竟是什么决定着某种观念从潜意识中脱颖而出呢？为什么偏偏是这种顿悟，而不是许多其他顿悟中的某一个呢？难道是因为某种顿悟就是有实证依据的最精确答案吗？不，他回答说。难道是因为它就是那种实际上将最好地发挥作用的顿悟吗？答案还是否定的。波因凯尔认为导致这种顿悟产生的就是这个选择因素，在我看来，他的这种看法似乎在某些方面是他的全部分析中最重要和最扣人心弦的要点：

这些（从潜意识中脱颖而出的）有用的结合恰恰就是最美妙的，我的意思是说那些能最好地控制住这种特殊的敏感性的结合，所有的数学家都知道这种特殊的敏感性，但是那些亵渎的人却对此不屑一顾，以致他们常常倾向于对此一笑了之。

……在这个阈下自我（subliminal self）盲目形成的大量结合中，几乎所有的结合都是无关紧要和没有用处的；但正是由于这个原因，它们对美学的敏感性也没有产生影响。意识将绝不会认识它们；只有某些结合才是和谐的，而且最终是可以马上派上用场和十分美妙的。它们将能够触及我刚才所谈到的那位几何学家的这种特殊敏感性，而且，一旦这种敏感性被唤醒，就会使我们注意到它们，从而使它们有机会成为有意识的。[7]

这就是数学家和物理学家谈论某种理论"精致"的原因。其效用是作为美丽这个特点的一部分而进行归类。一种内部形式的和谐、某种理论的内在一致性、触及一个人的敏感性的美妙这个特征——这些就是决定着某种观念何以产生的重大因素。作为一位精神分析学家，我只能补充说，我在帮助人们获得顿悟方面的经验也揭示了同样的现象——顿悟之所以产生，主要的不是因为它们在"理性上是真实的"，或者甚至是有助益的，而是因为它们有某种形式，这是一种美妙的形式，因为它完成了一个不完善的格式塔。

当某种创造性顿悟在意识中出现这种突破时，我们就在主观上相信，这种形式应该是这种方式，而不是其他别的方式。这种创造性体验的特点就是，它以其真实性使我们吃惊——带有波因凯尔的那种"直接确定性"。而且我们认为，在那种情境下没有任何别的东西能比它更真实了，我们很想知道，为什么我们如此愚蠢，以致不能早点看出它来呢。当然，原因就在于，我们还没有在心理上做好看出它来的准备。我们还没有打算在艺术或科学理论中提出新的真理或创造形式。我们还没有在意向性水平上开放。但是，真理本身就在那里。这使我们想起了禅宗佛教一直主张的那种观点——在这些时刻反思和揭示出来的是一个天地万物的现实，它并不仅仅依赖于我们自己的主观性，而是仿佛我们只不过闭了一下眼睛，又突然睁开眼，它就在那儿了，简单得不能再简单了。这个新的现实有一种不可改变的、永恒的性质。"这就是现实表现自己的方式，我们竟没有更早地看出它们来，这难道还不令人奇怪吗"，这种体验在艺术家那里可能有一种宗教的性质。这就是许多艺术家觉得当他们绘画时有某种神圣的东西在运行的原因，在创造活动中有某种类似于宗教启示的东西的原因。

5

现在我们来考虑一些两难困境，它们产生于潜意识与技术和机器的关系。在我们的社会中对创造性和潜意识进行讨论，谁也不可能避免这些困难而重要的问题。

我们生活在一个令人吃惊的高度机械化的世界上。非理性的潜意识现象对这种机械化总是一种威胁。在草地上或阁楼上诗人可能是讨人喜爱的家伙，但在装配线上他们却是威胁。机械化要求一致性、可预测性和有序性；潜意识现象是原始的和非理性的，这个事实本身就已经是对资产阶级秩序和一致性的一个不可避免的威胁。

这就是现代西方文明中的人们害怕潜意识和非理性体验的一个原因。因为在他们身上奔涌而出的这些来自更深层的心理源泉的潜能根本就不适合对我们的世界来说已变得如此根本的技术。由于害怕在他们身上和在其他人身上所表现出来的那些非理性成分，今天的人们所能做的就是在他们自己和潜意识世界之间放上一些工具和机械。这可以保护他们免受非理性体验的那些令人害怕和有威胁的方面的控制。我相信人们将会理解，我所说的并不是对技术、技巧或机械本身表示反对。我所要说的是，我们的技术将作为我们和大自然之间的一个缓冲器，作为我们和我们自己体验的更深刻维度之间的一个障碍，这种危险总是存在的。工具和技术应该成为意识的一种扩展，但它们同样也能很轻易地成为一种对意识的防护物。这样工具就变成了防御机制——专门用来防御我们称为潜意识的那些意识的更宽广和更复杂的方面。正如物理学家海森堡（Heisenberg）所说，这样一来，我们的机制和技术就使我们"在精神的冲动中无法确定"[8]。

自文艺复兴以来，西方文明主要强调的就是技术和机械。这样，还是自文艺复兴以来，我们自己和我们的祖先们的创造性冲动——旨在促进科学的进步和应用的创造性本来应该得到开发，用来制作那些技术范畴的事物，这是可以理解的。按照某一标准，这种把创造性开发成为对技术的追求是适当的，但按照更深刻的标准，它却是一种心理防御。这意味着，技术所坚持、信奉和依赖的东西远远超出了其合理的领域，因为它也作为针对我们害怕非理性现象的一种防御。因此，技术创造性的成功——其成功是巨大的，这一点无须我来通报——就是对其自己存在的一种威胁。因为如果我们不对创造性的潜意识、非理性和超理性的方面开放，那么，我们的科学和技术就会阻碍我们获得我将称为"精神创造性"的东西。对此，我的意思是指那种与技术的使用没有关系的创造性；我的意思是指在艺术、诗歌、音乐和其他领域中的创造性，它们的存在是为了使我们高兴，深化和扩大我们生活的意义，而不是为了赚钱或增强技术的力量。

在某种程度上我们失去了在诗歌、音乐和艺术中所例证的这种自由的、原创的精神创造性，我们还将失去我们的科学创造性。科学家自己，尤其是物理学家告诉我们，科学的创造与人类在自由、纯粹意义上进行创造的自由有密切关系。在当代物理学中这一点非常清楚，后来为了我们的技术获益而得到利用的那些发现最初都是一般性的发现，因为一个物理学家让他的想象如天马行空，他只是为了发现的快乐才去发现某个事物的。但是，这总是要冒着剧烈地推翻我们以前制定得很好的那些理论的风险，就像爱因斯坦在引进他的相对论、海森堡在引进他的不确定性原则时所做的那样。在这里我的观点不只是在"纯"科学和"应用"科学之间做出传统的区分。精神的创造性确实而且必定会威胁我们的理性、有序社会和生活方式的结构以及预先假设。潜意识的、非理性的欲望受其本性所限，成为对我们理性的一种威胁，我们由此所体验到的焦虑就是不可避免的。

我提出，来自前意识和潜意识的创造性不仅对艺术、音乐和诗歌是重要的，而且从长远的观点看对我们的科学也是最根本的。从它所带来的焦虑中退缩出来，把它所产生的对新的顿悟和形式的威胁阻挡住，不仅会使我们的社会变得平庸，并且渐渐地更加空虚，而且还会断绝溪流在崎岖不平的高山上的河源，而这个溪流以后会成为我们科学中的创造性之江河。由于相当明显的原因，一些新物理学家和数学家已经非常超前地认识到在潜意识、非理性的启发和科学发现之间的这种相互联系。

现在我不妨举例说明我们所面对的这个问题。我曾几次在电视上露面，我被两种不同的感受触动。一种感受是对这个事实感到惊异，我在演播室里说的话竟然能即刻传送到 50 万人的起居室里。另一种感受是，每当我产生某种原创的看法时，每当在这些节目中我开始与某种不成熟的新概念做斗争时，每当我产生某种有可能跨越讨论边界的最初想法时，就在这节骨眼上我却卡壳了。我并不怨恨做这个节目的主持人；他们精通自己所干的行当，他们认识到，如果在节目中所发生的事情根本不适合从佐治亚州到怀俄明州的听众的心理，那么，观众就会站起身来，走到厨房里，拿起一罐啤酒，走回来，转换到另一个频道。

当你有了这种惊人的进行大众传播的潜能时，你不可避免地会倾向于向几十万听众进行传播。你所说的话一定会在他们的心理上产生某种影响，至少一定是部分地被他们知晓。因此，一种不可避免的情况就是，原创性、边界的打破、观念和想象的剧烈的更新充其量是模糊不清的，在最坏的情况下就是完全不可接受的。大众传媒——真奇怪它竟然是技术上的事物，一种得到人们赏识和高度评价的事物——给我们带来了一个严重的危险，一致遵奉的危险，这是因为我们在这个国家的所有城市里在同一时间观看着同样的节目。这个根本的事实非常强调规则和一致的方面，而反对原创性和更自由的创造性。

6

正如诗人是对一致性的一种威胁一样，他也构成对政治独裁者的一种持续的威胁。他总是对政治力量的装配线进行严厉斥责。

在苏联我们已经有这方面的强有力的、深切的证据。这主要出现在斯大林统治下对艺术家和作家进行的检举和清洗中，当面临创造性潜意识对他的政治体制造成的威胁时，他便产生了病态的焦虑。确实，有些学者相信，苏联的形势表明，在理性和我们所谓"自由的创造性"之间正进行着一场持续的斗争。乔治·雷维（George Reavey）在介绍俄罗斯诗人叶夫根尼·叶夫图申科（Yevgeny Yevtushenko）的作品时写道：

> 关于这位诗人及其诗歌言论，有一种对某些俄罗斯人，特别是对权威造成可怕影响的东西。仿佛诗歌就是一种非理性的力量，必须受到约束、克制甚至毁灭似的。[9]

雷维引证了在那么多俄罗斯诗人身上所发生的悲惨命运，并且认为，"仿佛俄罗斯受到了其文化的扩展意象的惊吓，感受到可能会丧失它自己的粗浅的理论同一性的威胁，务必要把任何异己的、更不相容的事情破坏掉"。他觉得，这"可能要归因于一种清教主义的内在紧张。或者归因于一种古代专制的家长式统治的反应"。或者归因于当时从农奴制向工业化的过分突然的转换所产生的痛苦影响。我还要提出这个问题，和其他国家的人民相比，在俄罗斯人中是否对在他们自己身上及其社会中的非理性成分有更少的文化和心理的防御。难道俄罗斯人实际上比更古老的欧洲国家有更多的非理性成分，因此更多地受到未驯服的非理性的威胁，而不得不付出更大的努力通过规则来进行控制吗？

难道同样的问题不能富有成效地对美国提出吗？就是说，我们对重实效的理性主义的强调，我们的实践控制，以及我们的行为主义的思维方式，难道不是对只不过是在100年前我们社会的疆域开拓者们身上所表现出来的非理性成分的防御吗？这些非理性成分总是突然迸发出来——常常使我们感到非常窘迫——例如在19世纪复兴运动的燎原烈火中，在三K党①身上以及在麦卡锡主义②中，这里主要指几个负面的例子。

但是，在这里有一个我想要特别指出的要点，这就是美国对"行为"的过分关注。在美国关于人的科学被称为"行为科学"，美国心理学会的国家电视节目被称为"行为之音"（Accent on Behavior），我们对心理学流派的主要的原创性贡献和唯一的扩展性贡献就是行为主义，是和欧洲的许多学派，如精神分析、格式塔的构造主义、存在心理学等相对立的一种理论。实际上我们在孩提时期就已经听说过："规矩点儿！

---

① 用酷刑对黑人和进步工人进行迫害的美国恐怖组织。——译者注
② 用法西斯手段迫害美国民主和进步力量的反动主张。——译者注

规矩点儿！规矩点儿！"道德清教主义和对行为的这种过分关注之间的关系丝毫不是虚构的，也不是偶然发生的。我们对行为的强调难道不是我们的"清教主义的内在紧张"的一种遗留，就像雷维所说的可能发生在俄罗斯的那种案例一样吗？当然，我已经完全觉察到这种论点，即我们必须对行为进行研究，因为那是能够用任何客观性进行研究的唯一的东西。但是，这可能完全就是——而且我认为是——在一种科学原则水平上提出的狭隘的偏见。如果我们把它作为一个先决条件来接受，那么，从本章的观点来看，难道它不会导致更大的错误吗——就是说，通过在其外部结果的幌子下对它进行归类而否定对非理性的主观活动之意义的认可？

总之，雷维认为，尽管斯大林已经去世了，但俄罗斯诗人的境况仍然是不稳定的，因为较年轻的诗人和某些迄今一直缄默不语的老年诗人已经更加坚定地要表达他们的真实感受和解释他们所看到的真理。这些诗人不仅一直在谴责俄罗斯对真理的那种腐败而虚假的取代，而且一直努力想要通过消除俄罗斯诗歌中的政治上的陈词滥调和"父亲意象"（father images）而使俄罗斯诗歌的语言重新恢复活力。在斯大林时代，这被谴责为与"资产阶级世界"的"意识形态共存"，诗人会因为"似乎会危害苏维埃现实主义这种封闭的、唯一的现实主义"的事情而受到清洗。唯一的麻烦在于，和所有的艺术一样，任何"封闭的、唯一的体系"都会毁灭诗歌。雷维继续说道：

　　在 1921 年所做的一次演讲中，伟大的俄罗斯诗人亚历山大·布洛克（Alexander Blok）论证说，为了使和谐得到释放，"平静和自由是诗歌的基础"。但是，他继续说道，"苏联的权威们也拿走了我们的平静和自由。不是外部的平静而是创造的平静。不是孩子气的随心所欲，不是操纵自由意志的自由，而是创造性意志的自由——那种秘密的自由。而且诗人正在死亡，因为再也没有任何能够进行呼吸的东西了，生命在他身上失去了意义"[10]。

　　这是对我的论点的一种强有力的说明——就是说，创造性的一个绝对必要的条件就是艺术家的自由，他们能够把他们心中的所有成分都自由地表现出来，以便为可能实现布洛克卓越地称为"创造性意志"[11]的东西而打开大门。布洛克声明的消极方面在于它反映了斯大林统治下诗歌的真实情况，也反映了在麦卡锡时代美国这个国家的真实情况。这种"创造性的平静"和这种"秘密的自由"正是那些教条主义者所不能容忍的东西。斯坦利·库尼茨相信，诗人不可避免地是国家的敌手。他说，诗人是可能揭露出来的事物的见证者。这是政治上的强硬派所无法忍受的。

各种教条主义——科学的、经济学的、道德的以及政治的教条主义——都会受到艺术家的创造性自由的威胁。情况确实如此，这是必然的和不可避免的。我们不能逃脱由于下述事实而引起的焦虑，艺术家连同所有各种有创造性的人就是我们这个秩序良好的体制的可能的破坏者。因为创造性冲动是前意识和潜意识的声音的讲述，是各种形式的前意识和潜意识的表达；就其本质而言，这是对理性和外部控制的一种威胁。于是教条主义便力图接管艺术家。在某些时期，教会强制他遵从规定的主题和方法。资本主义力图通过收买诗人来接管他。而苏联的现实主义则力图通过社会禁令来这样做。就创造性冲动的本质而言，这种结果对艺术是致命的。如果能够对艺术家进行控制——而我并不相信能够这样——这就意味着艺术的死亡。

注释

[1] 这是在 20 世纪 40 年代中叶，在当时未婚怀孕被看作比现在严重得多的创伤。

[2] Henri Poincaré, "Mathematical Creation," from *The Foundation of Science*, trans. George Bruce Halsted, in *The Creative Process*, ed. Brewster Ghiselin（New York, 1952）, p.36.

[3] 同上书, 37 页。

[4] 同上书, 38 页。

[5] 同上。

[6] 同上。

[7] 同上书, 40 页。

[8] Werner Heisenberg, "The Representation of Nature in Contemporary Physics," in *Symbolism in Religion and Literature*, ed. Rollo May（New York, 1960）, p.225.

[9] Yevgeny Yevtushenko, *The Poetry of Yevgeny Yevtushenko, 1953—1965*, trans. George Reavey（New York, 1965）, pp. x-xi.

[10] 同上书, viii 页。

[11] 同上书, viii-ix 页。

第四章

创造与交会

我希望提出一种理论并且对此做一些评论，这主要是从我和艺术家及诗人的联系与讨论中提出来的。这种理论就是：创造性是在某种交会的活动中出现的，而且可以以这种交会为其核心得到理解。

塞尚看见一棵树，他看这棵树的方式和任何其他人看这棵树的方式不同。正如他无疑会说的那样，他体验到"被这棵树吸引住了"。这棵树的壮观的弓形结构，像母亲保护孩子般伸展开翅膀，这棵树扎根在大地上时所保持的那种精密的平衡——这棵树的所有这些以及更多的特征都被吸收到他的知觉中，在他的全部神经结构中都被感受到了。这些就是他所体验到的幻象的一部分。这种幻象包括对情境的某些方面的省略和对其他方面的着重强调，随后便是对整体的重新安排；但是，这还不是所有这些事情的全部。从根本上说，它是一种幻象，这种幻象现在并不是一棵小写的树（tree），而是大写的树（Tree）；塞尚所看到的这棵具体的树就构成了树的本质。无论他的幻象是多么具有原创性和不可重复，它仍然是通过他与这棵特殊的树的交会引发的对所有的树的一种幻象。

从一个人（塞尚）和一个客观现实（那棵树）之间的这种交会中产生出来的这幅绘画在字面上是新颖的、独特的和原创的。某种东西诞生了、形成了，这是以前从未存在的东西——是我们所能得到的一个很好的关于创造性的定义。据此，任何一个怀着强烈的觉察力观看这幅绘画并且让这幅画对他或她讲话的人，都将以这种独特的强有力的姿态看到这棵树，这棵树和景色之间的亲密关系，直到塞尚体验到并把它们画出来之后才从字面上发现在我们与树的关系中存在的那种结构的美。我可以毫不夸张地说，直到我看到并且专注于塞尚的这些画之后，我才真正地看到了一棵树。

1

创造性活动就是两极之间的这样一种交会，这个根本的事实就是使它如此难以研究的原因。要想发现主观的那一极

（即那个人）是很容易的，但是，要想对客观的那一极（即"世界"或"现实"）进行界定则要困难得多。既然我在这里所要强调的是交会本身，那么此刻我还不太着急下这些定义。

阿奇博尔德·麦克利什（Archibald MacLeish）在他的《诗歌与体验》这本书中，使用了可能对这种交会的两极而言最普遍的术语：存在和非存在。他引用了一句中国人的诗句："我们诗人与非存在抗争，以迫使它产生存在。我们为一曲回应的音乐通过敲击打破了寂静。"[1]

"请考虑一下这意味着什么吧，"麦克利什反复思考着，"诗歌所要包含的'这种存在'是从'非存在'中派生出来的，而不是从诗歌中派生出来的。而且诗歌所要拥有的这种'音乐'并不是从写诗的我们之中产生出来的，而是从寂静中产生出来的；产生于对我们的敲击声的回应。这些动词是很有说服力的：'抗争''迫使''敲击'。诗人的劳动就是与世界的无意义性和寂静抗争，直到他能够迫使它产生意义；直到他能够使寂静得到回应以及使非存在成为存在。它是一种旨在'认识'世界的劳动，不是通过解释或论证或证明，而是直接认识，就像一个人认识嘴边的苹果一样。"[2] 这是一剂对我们的共同假设漂亮地表达出来的解毒药，主观的投射就是在创造性活动中所产生的一切，是围绕创造性过程所产生的不可避免的秘密的提醒者。

艺术家或诗人的幻想是主观的一极（人）和客观的一极（等待存在的世界）的中间的决定因素。直到诗人的抗争产生了一种回应的意义之后，它才能成为存在。诗词或绘画的伟大并不在于它描绘了观察到或体验到的这种事物，而是它描绘了被它和这种现实的交会所提示出来的艺术家或诗人的幻想。因此，诗和绘画是独特的、原创的、绝不可能被复制的。无论莫奈（Monet）多少次地重画里昂[①]的大教堂，每一幅画都是表达一种新的幻想的新的作品。

在这里我们必须防止精神分析在解释创造性时所犯的一个最严重的错误。这就是想要在个体内部发现某种被投射到艺术作品中去的东西，或者发现某种被迁移到绘画或写进诗歌中的早期经验。显然，这些早期的经验在确定艺术家将怎样与其世界交会方面发挥着极其重要的作用。但是，这些主观的数据绝不可能解释交会本身。

即使是在绘画过程似乎最主观的抽象派艺术家那里，存在和非存在之间的关系当然也是存在的，而且可能通过艺术家与调色板上的鲜艳色彩交会被激发出来，或者通过艺术家

---

① 法国的一个港市。——译者注

在画布上涂上粗加工的白色被激发出来。画家已经描述过这一时刻的这种兴奋之情：它似乎就像是对创作故事的重新制作，突然变得鲜活起来，具有了它自己的生机活力。马克·托比（Mark Tobey）的绘画中充斥着椭圆形的书法线条和漂亮的回旋，乍一看似乎是完全抽象的，除了产生于他自己的主观冥想之外，完全不产生于任何其他地方。但是我绝不会忘记，当我有一天访问托比的工作室，看到铺天盖地的关于天文学的书籍和银河系的照片时，我是多么地吃惊。我当时就认识到，托比是把星体的运动作为他的交会的外部一极来体验的。

一定不要把艺术家的接受能力和被动性混为一谈。接受能力就是艺术家认为他或她自己是活着的，能够听到存在可能讲述的话语。这种接受能力要求有一种灵活的、精雕细琢的敏感性，以便使一个人的自我成为使任何幻想得以产生的推进器。它是由"意志权力"所强加的权威要求的对立面。我非常清楚地觉察到在《纽约客》杂志上和其他地方刊登的所有的笑话，这些笑话显示，艺术家正闷闷不乐地坐在画架前，无精打采地手拿画笔，等待着灵感的到来。但是，不要把一个艺术家的等待与懒惰或消极相混同，就像在卡通片中可能看到的那么滑稽。它要求有高度的注意，就像一个跳水运动员在跳板的末端保持平衡时那样，不是要跳，而是要使他或她的肌肉保持敏感的平衡，等待着恰当时刻的到来。它是一种积极的倾听，关键是要听到答案，警觉地看到当幻想或话语确实出现时所能瞥见的任何东西。它是对开始在其有机体的时间中运行的诞生过程的等待。艺术家有这种时间运行感，他或她把这些接受时期作为创造性和创造的秘密的一部分予以尊重，这是很有必要的。

2

创造性交会的一个显著的例子是詹姆斯·洛德（James Lord）在其所写的一本小书中提供的，这本小书详细描述了他为艾伯托·吉亚柯梅蒂（Alberto Giacometti）摆姿势的体验。这两个人成为好朋友已经有一段时间，他们完全能够相互公开。洛德常常在摆完姿势后把吉亚柯梅蒂所说的话和做的事情立即记录下来，由此他把在创造性过程中出现的交会体验这种有价值的专题文章汇集在一起。

首先，他揭示了这种交会在吉亚柯梅蒂身上所引起的那种高度焦虑和极度痛苦。通常当洛德到他的工作室摆坐姿的时候，吉亚柯梅蒂常常会闷闷不乐地花上半小时或更多时间对他的雕塑做一些零碎的事情，简直就是害怕作画。当他使自己进入作画状态时，这种焦虑就变得显而易见了。洛德写道，在某个关键时刻，吉亚柯梅蒂就开始喘息和跺脚：

"你的头偏了！"他大声喊叫着说，"完全偏了！"

"我把头再偏过来吧，"我说道。

他摇了摇头。"不必了。或许这幅画会变得完全没有意义。那样的话我会怎么办呢？真气死我了！"……

他把手伸到口袋里，拿出他的手帕，瞪着眼睛看了片刻，仿佛他不知道这是什么似的，然后呻吟了一声就把它扔在了地板上。突然他非常大声地喊叫起来："我要尖叫！我要大叫！"[3]

洛德继续谈论另一件事：

我认为，在他工作期间与他的模特谈话并不能使他经常地产生焦虑，这是由他的下述信念导致的，即他无法希望在画布上表现他面前所看到的东西。这种焦虑常常以忧郁的喘息、强烈的惊叹语，以及有时会发出愤怒的或忧伤的大声叫喊的形式迸发出来。他很痛苦。对此这是毫无疑问的。……

　　吉亚柯梅蒂以某种特别强烈和完全的方式投身于他的工作之中。这种创造性的强迫从未完全从他身上离开过，从未使他有过片刻的完全平静。[4]

　　这种交会是如此强烈，以至于他常常把画架上的油画和那个有着血肉之躯的摆姿势的人相认同。有一天，他的脚偶然碰到了支撑画架使之保持适当水平的提手，这使得那幅画突然下落了一两英尺。

　　"哦，对不起!"他说道。我笑了起来并且发现，他表示道歉，仿佛是他使我掉了下来，而不是使油画掉下来。"我确实就是这样感受的，"他回答说。[5]

　　在吉亚柯梅蒂身上，这种焦虑就像在他所崇敬的塞尚身上一样，与大量的自我怀疑有关。

　　为了继续、希望和相信有某种机会使他实际上在创造他不切实际地想象的东西，他被迫感受到，有必要每天从头再来重新开始他的全部生涯。……他常常感到，他此刻恰好在制作的这个雕塑或油画就是这样一幅作品，即他第一次表达出来的在回应某种客观现实时他主观体验到的东西。[6]

洛德正确地假定，这种焦虑与艺术家试图画的那个不切实际的幻想和客观结果之间的空隙有关。在这里他讨论了每一个艺术家都会体验到的那种矛盾心态：

这个根本矛盾源自概念与现实之间的毫无希望的差异，它是所有艺术家创作的根本，它有助于解释似乎是那种体验的一个不可避免的成分的极度痛苦。即使是像雷诺阿（Renoir）这种"幸福的"艺术家也概莫能外。[7]

这意味着某种事情，这种以其自己的生命独自存在的东西，就是他（吉亚柯梅蒂）通过绘画活动用视觉的方式来表达的抗争，这是在当时他碰巧和我的想法（这是吉亚柯梅蒂当时试图画出来的东西）相一致的一个现实概念而表现出来的不屈不挠的和没完没了的抗争。要想达到这一点是不可能的，这是因为，如果不改变其实质，那种基本上是抽象的东西就绝不可能成为具体的。但是，他却投身于这种尝试，实际上他因为这种尝试而被宣判有罪，有时似乎就像是西西弗斯（Sisyphus）①的那种劳作一样。[8]

有一天，洛德碰巧看见吉亚柯梅蒂在一家咖啡馆里。

确实，他似乎确实很悲惨。我认为，这才是真正的吉亚柯梅蒂，孤零零地坐在咖啡馆的后面，忘记了对这个世界的赞美和再认，凝视着不可能带来安慰的虚空，受着他的理想这种毫无希望的二分法的折磨，但又受到那种毫无希望的抗争的谴责，只要他还活着，他就力图克服它。能给他带来安慰的就是，许多国家的报纸都谈论过他，各地的博物馆都展览过他的作品，他从不认识的人却都认识他并赞赏他。没有了，别的什么也没有了。[9]

当我们看到在一个像吉亚柯梅蒂这样著名的艺术家身上的这种内心感受和内部体验时，我们会嘲笑在某些心理治疗圈内的那种荒谬的谈论，即只是通过行为改变技术对人"进行调节"、使人"幸福"，或者训练他们把所有的痛苦和忧伤

① 古希腊神话中的暴君，死后坠入地狱，被罚每天推石上山，但石头快到山顶时又滚落下来，于是他重新再推，如此循环不息。——译者注

以及冲突和焦虑都发泄出来。使人类吸收西西弗斯神话的更深刻意义是多么困难呀！——结果发现，"成功"和"喝彩"就是那些坏女神，我们总是偷偷地知道她们就是这样的人。结果发现，在一个像吉亚柯梅蒂这样的人身上的那种人类存在的目的根本就和消除疑虑或没有冲突的调节无关。

吉亚柯梅蒂相当忠诚于——用洛德的适当术语来讲就是"被宣判有罪"——通过他自己对成为一个人的看法来感受和再现其周围世界的抗争。他知道，对他来说没有其他的选择。这种挑战给他的生活带来了意义。他和他的同类就成为一个人意味着什么，寻求形成他自己的看法，并通过那种看法来洞穿一个现实的世界，无论它是多么短暂，也无论每次当你把注意力集中在它身上的时候，那种现实多么一致地消失不见。一个人不得不做的事情就是从这个世界上把那些迷信和无知的帷幔除去，现实、质朴和纯洁将突然而至，这些理性主义的假设是多么荒唐啊！

吉亚柯梅蒂寻求通过他的理想的幻想来看到现实。他寻求在邪恶的女神欢呼跳跃的场所的零散的表面之下发现基本的形式，现实的基本结构。他不可避免地要使自己毫无限制地致力于这个问题：有没有一个现实可以讲述我们的语言的地方，如果我们只是理解这些象形文字的话，它在哪里回答我们呢？他知道，我们其他人在发现这个答案方面不会像他那样成功；但是，我们有他对这项研究所做的贡献，这样我们就得救了。

3

艺术作品就是从交会中产生出来的。这种观点不仅适用于绘画，而且适用于诗歌和其他创作形式。W. H. 奥登（W. H. Auden）曾在一次私人谈话中对我说："诗人与语言联姻，而诗歌就是在这种联姻中诞生的。"这使得语言在诗歌创作中发挥着多么积极的作用啊！并不是说语言只是交流的工具，或者说我们只是使用语言来表达我们的观点；同样真实的是，语言也使用我们。语言是我们自己和我们的同类从历史上继承下来的有意义经验的象征储藏所，这样一来，语言便扩展开来，在诗歌创造中将我们把握住。我们一定不要忘记，"认识"（know）这个原创的希腊和希伯来单词也有"建立性关系"（have sexual relations）的意思。一个人在《圣经》中读到"亚伯拉罕认识了他的妻子，她怀孕了"。这个术语的词源表明了这个原型的事实，知识本身——以及诗歌、艺术和其他创造性产物——都起源于主观和客观两极之间的动态交会。

性的比喻确实表达了交会的重要性。在性交活动中两个人相互遇见，体验着认识和不认识的每一点细微差别，以便再次相互认识。男人和女人结合，女人和男人结合，可以把暂时的撤出看作一种权宜之计，以此使两人都产生再次充盈的那种心醉神迷的体验。每个人都以他或她的方式做出主动和被动的表现。这就证明，认识活动的过程（process）就是至关重要的事情；如果男性只是在女人的身体里休息一会儿，那么，除了使这种亲昵行为的惊奇得到延长之外，什么也不会发生。这就是交会和再次交会的持续体验，从终极创造性的观点来看，这就是事情发生的意义之所在。性交是两个存在在可能最充盈和最丰富的交会中做出的终极的亲昵行为。从它能够产生一种新的存在这个意义上说，它也是最高级形式的创造性的体验，这一点是非常重要的。

后代在诗歌、戏剧和造型艺术中所采取的特殊形式是象征（symbols）和神话（myths）。象征（如塞尚的树）和神话（如俄狄浦斯的神话）表达的是意识和潜意识之间，一个个体的当前存在和人类历史之间的关系。象征和神话是从交会中产生的活生生的直接形式，它们是由主观和客观两极的辩证的相互关系组成的——活生生的、主动的、持续的相互影响，在其影响下在一个人身上发生的任何变化都注定会引起另一个人的变化。它们是从我们所描述的对交会的高度意识中产生出来的；它们之所以具有把握我们的力量，是因为它们对我们有所求并且给我们提供高度意识的体验。

所以，在文化史中艺术的发现要早于其他形式。正如赫伯特·里德爵士（Sir Herbert Read）所说，"在这种（艺术）活动基础上，一种'象征的论点'才成为可能，宗教、哲学和科学作为以后的思想方式紧随其后。"这并不是说，我们在贬低的意义上认为理性是更文明的形式，而艺术是更原始的形式——不过遗憾的是，这是在我们理性主义的西方文化中经常发现的一个极其恶劣的错误。相反，我们可以说，在艺术形式中的交会是"全面的"——它表达了一种完整的体验；科学和哲学为了其以后的研究而把其中的一部分抽取出来。

4

交会的一个显著特点是强度（intensity），或者我所说的激情（passion）。在这里我指的不是情绪的数量（quantity）。我的意思是指投身于其中的质量（quality），它可能出现在很小的体验中——例如，向窗外眺望一眼看到一棵树——这些体验并不一定包含大量的情绪。但是，对于敏感的人来说，这些短暂的体验可能具有非常重要的意义，这里所谓敏感的人是指具有产生激情的能力的人。一位美国抽象派画家中年高德劲的老前辈，我们的最专业和最有经验的老师之一汉斯·霍夫曼（Hans Hofmann）曾经说过，当今时代的学生有很高的才智，但他们缺乏激情和献身精神。相当有趣的是，霍夫曼继续说道，他的男性学生往往由于安全的原因而很早就结了婚，并且依赖于他们的妻子，只有通过他们的妻子，作为他们的老师，他才能把他们的才智引发出来。才智很丰富但缺乏激情，在我看来，这个事实似乎是今天许多领域的创造性问题的一个基本侧面。我们通过逃避交会来趋近创造性的方式对这种倾向产生了直接影响。我们对技术——才智的崇拜，成为逃避直接交会时产生的焦虑的一种方式。

克尔凯郭尔对此有如此深刻的理解！他兴奋地写道："在一个人们为了学习而消除了激情的年代，在一个想要拥有读者的作者必须小心翼翼地进行写作，以使他的书能在人们下午小睡时得到仔细阅读的年代，现在的作家能够轻易地预见到他的命运。"

5

在这一点上；我们发现了在精神分析圈内用来解释创造性的这个常用概念——服务于自我的退行——的不适当性。在我自己力图理解精神分析中有创造性的人和理解一般的创造性活动时，我发现这种理论是不能令人满意的。这不仅是因为其消极特征，而且主要是因为它提出了一种片面的解决问题的方法，使我们从创造性活动的中心转移出来，从而无法对创造性产生任何全面的理解。

在为"服务于自我的退行"理论提供支持时，厄尼斯特·克里斯（Ernest Kris）引用了那位地位略低的诗人 A.E. 豪斯曼（A.E. Housman）的作品，豪斯曼在其自传中对他写诗的方式做了如下描述。在牛津的拉丁学校教了一上午的课之后，豪斯曼就会吃午餐，午餐时他会喝一品脱啤酒，然后去散步。而且正是在这种梦游的心境中，他的诗才从他的心头涌出。为了使之与这种理论相一致，克里斯把被动（passiveness）与接受（receptivity）和创造性相关联。确实，我们大多数人都在豪斯曼的这些诗句中发现了某种诉求：

安静，我的灵魂，安静吧；

你挤压的胳膊很脆弱……

而且，这种诉求确实是在我们读者并且显然在豪斯曼自己身上唤起了一种怀旧的、退行的情绪。

所以，我承认，创造似乎常常是一种退行现象，而且确实在艺术家身上产生了一些古代的、婴儿时期的、潜意识的心理内容。但是，难道这不是和波因凯尔（参见第三章）在讨论他的顿悟是怎样在他付出很大的努力后的休息期间出现时所指出的事情相平行的吗？他特别告诫我们，不要以为产生这种创造的是其他事情。其他事情——或退行——只是用来使这个人把他或她的巨大力量和与之相伴随的禁忌释放出来，这样，创造性冲动就能信马由缰地表现出来。当一首诗或一幅画中的这些古代成分真正有力量感动他人时，当它们有某种意义的普遍性时——就是说，当它们是真正的象征时——正是因为某种交会出现在了一个更基本的、全面的水平上。

但是，如果我们把我们时代的一个主要诗人威廉·巴特勒·叶芝（William Butler Yeats）的某些诗行作为对比，我们就会发现一种大不相同的情绪。在《第二次降临》中叶芝对现代人的状况做了这样的描述：

事情四分五裂；核心无法保持；

世界上充斥着混乱无序……

然后他把他所看到的东西告诉我们：

第二次降临啊！那些难以说出的话

当一幅巨大的形象……

浮现在我的眼前；就在沙漠的沙海中

一个狮身人头的形象，

茫然而可怜巴巴地凝视着太阳，

缓慢地移动着它的脚步……

多么狂暴的野兽，其最终时刻终于来临，

无精打采地奔向诞生的圣地？

在这最后的象征中展示了多么惊人的力量啊！这是一种新的启示，美丽却具有可怕的意义，这种意义和我们现代人类发现自己所处的情境有关。叶芝具有这种力量的原因在于，他是怀着一种包括古代成分在内的强烈意识进行写作的，因为这些成分是他的一部分，就像它们是每个人的一部分一样，而且将在任何强烈觉察到的时刻浮现出来。但是，这种象征之所以有力量，正是来自下面这个事实：它是一种也包括具有最大献身精神和付出最热情的理智努力的交会。在写这首诗的时候，叶芝是有感受的（receptive），但并没有陷入消极的想入非非。麦克利什告诉我们，诗人的劳动"不是要等到聚集在喉时才大放悲声"[10]。

显然，各种诗歌的和创造性的顿悟是在放松的时刻降临到我们心头的。但是，它们的出现并不是偶然的，而只是在我们强烈地投身于其中和在我们醒觉的意识体验里我们集中注意的那些领域中才会出现。正如我们已经说过的，或许只有在放松的时候这些顿悟才会有突破；但是，这样说是描述它们是怎样出现的，而不是对它们的起源进行解释。我的一些诗人朋友告诉我，假如你想要写诗，甚至想要读诗，饱食一顿午餐和喝了一品脱啤酒之后的那个时刻正是时候，要不失时机地抓住它。选择的时刻就是你能够具有最高的、最强烈意识的时刻。如果你在下午小睡期间写诗，就要以那种方式仔细地阅读了。

这里的问题并不简单地在于你恰好喜欢那些诗人。在创造性活动中产生的那些象征和神话的性质要更根本得多。象征和神话确实把婴儿时期的、古代的敬畏、潜意识的渴望和类似的原始的心理内容带入到觉知中来。这就是它们退行的方面。但是，它们也显示了新的意义、新的形式，并且揭露了一种以前在字面上并不存在的现实，一种不只是主观的，而是有一个在我们自身之外的第二个极（pole）的现实。这就是象征和神话的前行的（progressive）方面。这个方面是指向前方的。它是综合的。正如法国哲学家保罗·利科（Paul Ricoeur）如此绝妙地阐明的那样，它是在我们与自然以及与我们自己的存在的关联中对结构的一种进步的揭示。它是一条通往普遍性的生活方式之路，超越了毫无联系的个人体验。在传统的弗洛伊德精神分析取向中几乎完全被忽略的，正是象征和神话的这个前行的方面。

我们把这种提高了的意识确定为交会的特点，是由主观体验与客观现实之间的二分被克服和揭示了新意义的象征而得以诞生的一种状态，这种提高了的意识，这种状态在历史上就被称为心醉神迷。和激情一样，心醉神迷是情绪的一种性质（或者更精确地说，一种关系的性质，其中的一个方面是情绪的）而不是一种数量。心醉神迷是对主客观二分的一种暂时的超越。有趣的是，在心理学中我们却避开了那个问题，马斯洛（Maslow）对高峰体验的研究是一个值得注意的例外。或者，当我们确实谈到心醉神迷的时候，我们隐含着轻蔑，或者假定这是神经过敏。

这种交会的体验本身也带有焦虑（anxiety）。我不必再提醒你们，在我们讨论了吉亚柯梅蒂的体验之后，艺术家和创造者在他们创造性交会的那一刻所产生的那种"恐惧和战栗"。关于普罗米修斯的神话就是这种焦虑的古典的表达方式。W.H. 奥登曾经说过，当他写诗的时候，他总是体验到焦虑，除非当他"在玩耍（playing）"的时候，或许可以把玩耍界定为交会，在这种交会中把焦虑暂时用括号括起来。但是，如果艺术家（以及后来从其作品中获益的我们其他人）想要体验到在创造性作品中的那种快乐，那么，在成熟的创造之中，就必须面对焦虑。

我对弗兰克·巴伦（Frank Barron）关于艺术和科学中的有创造性的人的研究 [11] 印象很深，因为他显示的是直接面对焦虑的他们。巴伦把他的"有创造性的人"称为被其同伴视为对该领域做出卓越贡献的人。他给他们以及一个由"正常人"组成的控制组看一系列类似于罗夏墨迹测验的卡片，其中有些卡片上有一些有序的、系统的设计图，而另一些则是一些无序的、不对称的、混乱的设计。那些"正常的"人把那些有序的、对称的卡片作为他们最喜欢的设计选择出来——他们喜欢使他们的宇宙"保持良好状态"。但是，有创造性的人却选择那些混乱的、无序的卡片，他们发现这些卡片更有挑战性而且有趣。他们可能很像《创世记》这本书中的上帝，从混沌之中创造出秩序。他们选择了这个"被打碎了的"宇宙，他们从与此交会和使之有序中获得快乐。他们能够接受焦虑，并且把它用来塑造其无序的宇宙，使之"更接近于心的欲望"。

按照这里提出的这种理论，焦虑就是在交会中出现的自我与世界关系发生动摇的伴随物。我们的同一性感受到了威胁，世界不是我们以前所体验到的那个样子了，而且，由于自我和世界总是相关联的，我们就再也不是以前的我们了。过去、现在和未来形成了一个新的格式塔。显然，从某种完整的意义上说，只有在很少情况下才是如此 [高更（Gauguin）前往南海诸岛或者凡·高变成了精神病患者]，但是，创造性交会确实在某种程度上改变了自我与世界的关系。我们所感受到的焦虑暂时是没有根基的、没有方向的；它是虚无的焦虑（anxiety of nothingness）。

正如我所看到的，有创造性的人可以通过以下事实分辨出来，他们能够与焦虑同在，即便可能会付出不安全、敏感和无防御的高昂代价，借用古希腊人所使用的一个术语，我们把它作为"神授疯狂"（divine madness）的礼物。他们不是要从非存在中逃走，而是通过交会和与之搏斗，迫使它产生存在。他们打破沉静，以求得到回应的音乐；他们追求无意义，直到他们能够迫使它产生意义。[①]

---

① 由于我早先曾说过支持沉思或静修 (meditation) (第一章)，我觉得有必要声明，我并不同意关于某种放松的说法，即超越性沉思 (transcendental meditation，TM)，认为它是"创造性智慧的科学"，并且刺激创造性思维。确实，它的确能够促进创造性的某一方面的产生——自发性、直觉地"感受到一个人的自我与宇宙融为一体"，以及与"舒服"(comfort) 相联系的类似的事情，马哈利什 (Maharishi) 经常这样地谈到这个词。这些就是与儿童游戏相关联的创造性的一些方面。但是，超越性沉思却忽略了对成熟的创造性来说最根本的交会这个成分。斗争、紧张、结构性紧张——吉亚柯梅蒂在对洛德的描述中所体验到的那些情绪——的这些方面在超越性沉思中却被遗忘了。

我曾和弗兰克·巴伦讨论过这件事情，他是加利福尼亚大学圣克鲁斯分校的心理学家，根据我的判断，他是这个国家创造心理学的一流权威。和我自己一样，巴伦也在超越性沉思的地区会议上发过言。某些群体的超越性沉思者被发放了以上提到的那种卡片测验。那些结果 (尚未发表) 是消极的——就是说，沉思者倾向于选择那些有序的、对称的卡片。这和巴伦用那些特别有创造性的人得出的结果相反。加里·斯沃茨 (Gary Swartz) 也研究过超越性沉思的教师，发现在创造性测验中他们的分数更低，或者和控制组成绩一样[参见 *Psychology Today*，1975(7)，p.50]。

当我致力于写作对我来说很重要的东西时，我发现，如果我在写作之前习惯性地花上 20 分钟时间进行沉思，我的整个思路就会得到过分的清理，变得过分有序。这样我就什么也写不出来了。我的交会在稀薄的空气中消散了。我的"问题"全都解决了。确实，我感受到了巨大的幸福，但我却无法写作了。

因此，我宁愿忍受混乱，就像巴伦所说，面对"复杂和困惑"。然后这种混乱迫使我寻求有序，与此进行斗争，直到我能发现一种更深刻的、潜在的形式。我相信，此时我所从事的就是麦克利什所描述的与无意义和寂静的世界进行斗争的那种事情，直到我能迫使它产生意义，直到我能使寂静发出回答，使非存在成为存在。在经过早晨一段时间的写作之后，我就可以把沉思用作本真的目的了——就是说，一种深刻的身心放松。

注释

[1] Archibald MacLeish, *Poetry and Experience* (Boston, 1961), pp.8-9.

[2] 同上。

[3] James Lord, *A Giacometti Portrait* (New York, 1964), p.26.

[4] 同上书, 22 页。

[5] 同上书, 23 页。

[6] 同上书, 18 页。

[7] 同上书, 24 页。

[8] 同上书, 41 页。

[9] 同上书, 38 页。

[10] MacLeish, pp.8-9.

[11] Frank Barron, "Creation and Encounter," *Scientific American* (September, 1958), 1-9.

对这场运动来说——在这场运动中预示着在未来某一时刻对这场运动会有一种强烈的反对——很遗憾的是, 其领导者并不愿意更多地考虑超越性沉思和马哈利什的局限性。我所看到的关于超越性沉思的所有描述都乏味地表明, 马哈利什的准则根本就没有局限性。对那些希望得到全面描述的人来说, 我推荐康斯坦斯·霍尔登 (Constance Holden) 的文章——《马哈利什国际大学: 创造性智慧的科学》(Maharishi International University: Science of Creative Intelligence) (*Science*, Vol. 187, 1975-03-28, p.1176)。

第五章

德尔斐神殿是治疗师

在德尔斐群山之中矗立着一座神殿，它是许多世纪以来对古希腊具有非常重要意义的神殿。希腊人有把他们的神殿建造在可爱的地方的天赋，但是德尔斐是一个尤其优美的地方，一条漫长的峡谷在巍峨的群山和深蓝绿色的科尔尼斯湾之间连绵延展。这是一个使人立刻就感受到这座神殿的性质所应有的敬畏和庄严感的地方。当希腊人遇到焦虑时可以在这里得到帮助。从混乱无序的古代一直到古典时代，阿波罗在这个神殿里通过他的女祭司向人们发出忠告。苏格拉底（Socrates）甚至在那里发现了在通往神殿的门厅墙壁上雕刻着的那句名言"人啊，认识你自己"，此后这句话已成为心理治疗的核心试金石。

E. R. 多兹（E. R. Dodds）教授写道，在那些混乱的年代，对自己、对其家庭以及对其未来感到焦虑的敏感的希腊人，能够在这里找到引导，因为阿波罗知道"诸神玩弄人类的那些复杂的游戏"。在多兹对古希腊文化中的非理性所做的卓越的研究中，他继续写道：

> 如果没有德尔斐，希腊人就很难忍受其在古代所经受的那些紧张。如果没有这位无所不知的神圣的劝导者所能给予的这种信念，即在表面的混沌之后存在着知识和目的这种信念，那么，人类无知和人类没有安全这种沉重的感觉，对神圣的"嫉妒"（phthonos）①的畏惧，对瘴气的畏惧——对这些事情的日积月累的负担就会是无法忍受的。[1]

阿波罗帮助人们面对的这种焦虑是伴随着一段时期的形成、躁动、创造和扩展的忧虑。它并不是神经症焦虑，具有撤退、抑制和阻碍生命活力的特点，看到这一点是很重要的。古希腊的远古时期是充满了由扩展内外部限制的混乱导致的忧伤产生和充分成长的时期。当时的希腊人正体验到一些新的可能性的焦虑——心理上的、政治上的、美学上的和精神上的。无论他们愿意与否，这些新的可能性和总是伴随着这

---

① 希腊文，即因别人拥有自己想得到的东西而对其仇恨和不满。——译者注

些挑战的焦虑都是强加给他们的。

德尔斐神殿一度如日中天，但是旧的稳定性和家庭秩序正在被打破，个体很快就不得不为他自己负责。在荷马史诗中记叙的古希腊，奥德修斯的妻子珀涅罗珀和儿子忒勒玛科斯能够监测到奥德修斯的状况，奥德修斯究竟是在那里还是在特洛伊的战争中，又或是在"紫红色的大海"（wine-dark sea）上颠沛流离了十年之久。但在当时，在古代，家庭必须与城市连为一体。每一个年轻的忒勒玛科斯都感到自己站在时代的边缘，此时他不得不选择自己的未来，在一个新城市的某个地方找到自己的位置。对于那些一直在寻求他们自己同一性的现代作家来说，这个关于年轻的忒勒玛科斯的神话是多么丰富啊。詹姆斯·乔伊斯在《尤利西斯》①中展示了他的一个方面。托马斯·沃尔夫（Thomas Wolfe）经常把忒勒玛科斯视为寻找父亲的神话，这是沃尔夫的寻找，也是古希腊人的寻找。和任何现代的忒勒玛科斯一样，沃尔夫发现，那个艰难、冰冷的真理就是，"你不能再回家了"。

这些城邦国家在混乱无序的状态中挣扎，一个暴君接着

———————————

① 尤利西斯是古罗马神话中的英雄，即希腊神话中的奥德修斯。——译者注

一个暴君（这个术语在古希腊并不具有它在英语中所带有的那种通常的破坏性含义）。[2] 这些趾高气扬的领导者试图把这种新的权力连接成某种秩序。对城邦国家的各种新型统治方法、新的法律、对诸神的新解释都在出现，所有这一切都给予个体新的心理力量。在这样一个变化和成长的时期，浮现（emergence）常常被个体体验为伴随着所有压力的紧急情况（emergency）。

进入这种骚动的有阿波罗及其德尔斐神殿的象征和它们所依据的丰富的神话。

1

重要的是要记住，阿波罗是形式（form）之神，是理性和逻辑之神。因此，他的神殿成为这个混乱时代的重要神殿，通过这个比例和平衡之神，民众可以获得一种信念，即在这种表面的混乱背后存在着意义和目的，这并非偶然。如果这些男男女女想要控制他们的激情，不是为了驯服这些激情，而是要把希腊人在本质上以及在他们心目中如此熟悉的那些魔力般的力量转向建设性的用途，那么，形式和比例以及中庸（golden mean）就是基本的。阿波罗也是艺术之神，因为形式——雅致——是美的一个基本特点。确实，帕那萨斯（Parnassus），这座其侧面矗立着阿波罗神殿的位于德尔斐的大山，已成为形容忠诚于心灵美德的所有西方语言中的一个象征。

当我们注意到阿波罗是光之神——不仅是太阳之光，而且是心灵之光、理性之光、顿悟之光——的时候，我们就更加赏识这种神话的丰富意义。他经常被称为赫利俄斯（Helios），在希腊语中这个词指"太阳"，以及费波斯·阿波罗（Phoebus Apollo）——明亮和光辉之神。最后，我们注意到在所有观点中最有说服力的一个要点：阿波罗是治愈和健康之神，而他的儿子阿斯克勒庇俄斯（Asclepius）是医学之神。

被那些在早于黑暗的荷马时代很多世纪的神话中的集体潜意识过程创造出来的阿波罗的所有这些属性，都和一些奇怪的字面意义以及形象意义交织在一起。这是美好的劝导之神、心理和精神洞见之神，他将对一个至关重要的正在形成的时代给予指导，这是多么一致和有意义啊！一个动身前往德尔斐去向阿波罗咨询的雅典人，在旅程中的几乎每一时刻，都会在他的想象中反复地思考这个光和治愈之神的形象。斯宾诺莎（Spinoza）①祈求我们把注意力集中在某种期望获得的美德上，这样我们便倾向于获得这种美德。希腊人在其旅程中会这样做，预期、希望和信仰的心理过程已经在发挥作用了。因此他实际上已经预先参与到他自己的"治愈"中。他的有意识的意图及其更深刻的意向性已经投身到即将发生的事件之中。对于参与其中的人来说，象征和神话带有他们自己的治愈的力量。

所以，本章就是一篇论述创造一个人的自我（creating of one's self）的论文。在其成长的边缘，自我是由在其自我创造中给它指出方向的模型、形式、隐喻、神话和其他各种心理内容组成的。这是一个持续不断的过程。正如克尔凯郭尔出色地指出的，自我只不过是处在成长（becoming）过程中的一个东西。尽管人类生活中有这种明显的决定论——特别是在一个人自我的生理方面，在诸如眼睛的颜色、身高、生命的相对长度等这类简单事情上——但很显然，也有自我指导和自我形成这种成分。思维和自我创造是不可分离的。当我们觉察到我们在未来看待我们自己，以这种或那种方式指引我们自己的所有幻想时，这一点就变得显而易见了。

---

① 17世纪荷兰理性主义哲学家。——译者注

一个人的发展方向的影响在古希腊或现代美国都在持续着，尽管我们想要予以否认。以上提到的斯宾诺莎的忠告就是这种指引功能得以实现的一种方式。有大量的神话在探讨使一个人再生为某一种或另一种生命形式，其状况依赖于这个人是怎样过他的生活的，对种族经验中的这种觉知予以证实，即对于一个人究竟是怎样生活的，他或她确实负有某种责任。我们是通过大量的选择创造了我们自己，萨特的这个论点可能讲得有点过分了，但是，我们也必须承认其中存在的部分真理。

人类的自由包含着我们在刺激与反应之间暂停一下的能力，而且，在这个暂停过程中，可选择一种我们希望施加我们的影响的反应。以这种自由为基础创造我们自己的能力是不能与意识或自我觉知（self-awareness）相分离的。

在这里我们关心的是，德尔斐神殿是怎样促进这个自我创造过程的。显然，自我创造是通过我们的希望、我们的理想、我们的想象以及我们在高度集中注意时经常表现出来的所有想象的构思得到实现的。这些"模型"是有意识地以及无意识地发挥作用的；它们在幻想以及在外部行为中表现出来。这个过程的总结性术语就是象征和神话。德尔斐的阿波罗神殿是这些象征和神话的具体表现，正是在这些象征和神话中它们才以礼仪的形式具体体现出来。

2

我们可以在这个时代所雕刻的壮观的阿波罗雕塑中发现——这个古代的人物有其强壮、正直的形式，他的头脑的冷静的美，他对激情进行控制的富有表情的有序特征，甚至在几乎是直线条的嘴上表现出来的那种些微的"知道"（knowing）的微笑——这个神是怎样成为希腊艺术家以及那个时期的其他公民感受他们对秩序的渴望的一种象征的。在这些雕塑中我看到一个古怪的特征：眼睛睁得很大（dilated），比一个活人脸上的正常眼睛或希腊的古典雕像的眼睛睁得更大。如果你从雅典的国家博物馆的古希腊展厅里走过，你会对这个事实感到震惊，大理石的阿波罗人物的那双睁大的眼睛给人留下了高度警觉的印象。这和人们所熟悉的 4 世纪由普拉克西特利斯（Praxiteles）所做的赫耳墨斯（Hermes）脸上那双松弛的、几乎像是在睡觉的眼睛形成了多么鲜明的对比啊。

古代的阿波罗的这些睁大的眼睛具有忧虑的特点。它们表现的是在一个躁动的年代与生活并行的焦虑——过分的觉知，向四面八方"查看"，以免有什么未知的事情发生。在这些眼睛和在另一个形成时期，即文艺复兴时期米开朗琪罗这个人所画的人物脸上的眼睛之间，有一种显著的平行。几乎所有米开朗琪罗的人物形象乍一看都表现得强有力和成功，但更仔细地审视就会发现，他们的睁大的眼睛流露出了焦虑的迹象。仿佛是要证明，他所表现的不仅是他那个时代的内在紧张，而且是他自己作为其时代的一员表现出来的内在紧张。米开朗琪罗在他的自画像中所画的眼睛也明显地睁大，这种方式就是忧虑的典型表现。

诗人里尔克（Rilke）也对阿波罗的这双深刻洞察事物的突出的眼睛感到震惊。在其《阿波罗的古代雕像》中，他谈道，"……他的那个传奇的脑袋，在这个脑袋中眼球是突出的"，然后他继续说道：

> 但是
> 他的雕像仍然像个蜡烛台那样发光
> 只不过他的凝视，变得低沉了，
> 持有并发出微光。胸部的曲线也不能
> 使你茫然不见，把那个还具有生殖能力的腰

稍微转动，也不能使微笑转到

那个正中。

这块石头残缺不全地矗立着

在双肩的半透明的俯身之下

就像被捕食的野兽倒下，没了声息

它所有的轮廓都没有显现出来

就像一颗星：因为没有一个地方

看不见你。你必须改变你的生活。[3]

　　在这个生动的描述中，我们注意到，里尔克是多么绝妙地抓住了被控制的激情的本质——不是被抑制的或被压抑的激情，后者是那些已经对至关重要的内驱力感到害怕的希腊教师在古希腊文化时代后期想要达到的目标。里尔克从维多利亚时代对驱力的抑制和压抑所做的解释是一种多么遥远的呼唤啊。这些哭泣、做爱和以杀戮为乐的古希腊人为激情、性爱和魔力而感到自豪。考虑到古希腊的那种奇怪的场面，在当今时代接受治疗的人们往往对下述事实做出这样的评论，那些哭泣者是像奥德修斯和阿喀琉斯那样强壮的人。但是，希腊人也知道，这些驱力也必须有方向和受到控制。他们相信，是他选择了他的激情，而不是激情选择了他，这就是一个有美德（arete）的人的本质。为什么他们不必像现代西方人那样经历否认性爱和魔力的自我阉割活动，对这个问题的解释就在于此。

甚至是在里尔克的最后那个奇妙的句子里，这种古代的感受也表现出来了，这句话似乎最初（但也只是最初）就是一个不根据前提做出的推理（non sequitur）——"你必须改变你的生活"。这是激情的美的呼唤，是美凭借其根本存在而向我们提出的要求，要求我们也参加到这种新的形式之中。这根本就无所谓道德与否（不管怎么说，这种呼唤也和对与错没有关系），然而这却是一个专横的要求，它以坚持要我们把这种新的和谐形式纳入我们自己的生活中而把我们控制住。

3

阿波罗神殿是怎样发挥作用的？它发出的忠告来自何处？这当然是一些吸引人注意的问题。但遗憾的是，人们对这个主题似乎所知甚少。神殿遮盖着一层神秘的面纱；那些指导它的人不仅给别人提出忠告，而且能履行自己的忠告。柏拉图告诉我们，一种"预言的疯狂"征服了皮西亚（Pythia），她是在这座神殿里担任阿波罗的代言人的女祭司。所以，柏拉图相信，某种"创造性的顿悟"就是从这种"疯狂"中表现出来的，它代表的是比正常水平更深刻的意识水平。在其《斐德罗篇》（Phaedrus）中他写道："我们要把所获得的许多好处归功于她们的疯狂，这就是德尔斐的皮西亚和多多纳（Dodona）的女祭司们能够私下里和在公共生活中馈赠给希腊的好处，因为当她们心灵正常的时候，她们的成就甚少或几乎就没有什么成就。"[4] 这就是对在人类历史上一直流行的一个关于灵感（inspiration）的起源争论的某一侧面的一种清晰说明——创造性在多大程度上产生于疯狂。

阿波罗是通过皮西亚以第一人称说的。她的声音改变了，变得嗓子发干，声音沙哑，就像现代的传媒工具那样声音颤抖。据说就在她发作或出现神秘的灵感（enthusiasm）[正如这个术语的词根 en-theo（在神灵之中）的字面意义所表达的那样] 的那一时刻，这个神进入了她的身体之中。

在"降神会"（seance）之前，这位女祭司要举行几次仪式活动，例如专门的沐浴，或许还要喝一次圣泉中的水，据说有习惯性的自我暗示作用。但是，多兹教授对这个经常重复的声明做了总结性的说明，即她吸入从神殿的一条岩石裂缝中冒出的蒸汽，导致了一种催眠的效果。

至于人们曾确信是皮西亚的神秘灵感之来源的那些闻名退迩的"蒸汽"，它们是古希腊文化研究者创造出来的……知道这些事实的普鲁塔克（Plutarch）看到了这种蒸汽理论的困境，最后似乎把它完全拒绝了；但是，就像斯多葛学派的哲学家们一样，19世纪的学者们宽慰地利用了一种相当可靠的唯物主义的解释。[5]

多兹继续措辞简练地说道："自从法国的出土文物表明，时至今日并没有发现蒸汽，没有曾经产生过蒸汽的'裂缝'以来，人们就更少听说这种理了。"[6] 考虑到当今时代人类学和变态心理学的证据，这些解释显然就是不必要的了。

皮西亚的女祭司们本身似乎只是一些出身低微的、没有受过教育的女人（普鲁塔克讲述过，有一位女祭司是一个农民的女儿）。但是，现代的学者们却对这种预言的理智系统给予很高的尊重。德尔斐所做出的决定表现出策略一致性的充分迹象，以说服学者们，在这个过程中人类的理智、直觉和顿悟确实发挥了某种决定性作用。虽然阿波罗在他的预言和忠告中，尤其是在希腊与波斯的战争期间犯过一些臭名昭著的大错，但是，就像心理治疗中的许多人在今天对待他们的治疗师的态度一样，由于阿波罗曾在其他时候给人们提出过有用的忠告和帮助，因此希腊人显然原谅了他。

使我们最感兴趣的一点是这座圣殿作为一种公共象征的功能，这个公共象征有一种力量，能够把希腊人的前意识和潜意识的集体顿悟引发出来。德尔斐神殿的这种公共的、集体的方面有一个健康的基础：这座神殿在奉献给阿波罗之前，最初是奉献给地球诸女神的。阿波罗的对手、酒神狄俄尼索斯也是一个在德尔斐很有影响力的神，在这个意义上也可以说它是集体的象征。希腊的花瓶上显示，据推测是在德尔斐，阿波罗抓住狄俄尼索斯的手。普鲁塔克写道，"说到德尔斐神殿，狄俄尼索斯发挥的作用一点也不比阿波罗小"[7]，此时普鲁塔克并没有过分夸张。

任何真正的象征及其相伴随的仪式的礼仪便成为一面镜子，反映了我们都不敢在自己身上体验到的那些顿悟、新的可能性、新的智慧和其他心理及精神现象。我们之所以不能体验到，是出于两个原因。第一个是我们自己的焦虑：假如我们要为这些新的顿悟负全部或唯一的责任，那么，这些新的顿悟就常常会——而且，我们甚至可以说，通常会——使我们受到过分惊吓。在一个躁动的年代，这些顿悟可能会经常出现，它们要求人们所负的心理和精神责任要比大多数个体准备承担的责任更大。在梦中人们能够让自己做一些事情——例如，杀死他们的父母或孩子，或者想一些事情，例如"我的母亲恨我"——在日常言语中如果这样想和说就太可怕了。即使是在白日梦中思考这些事情以及类似的事情，我们也会犹豫不决，因为我们感受到，这些幻想要比夜晚的梦带有更多的个人责任。但是，如果我们能有一个梦代言，或者让阿波罗通过他的神殿代言，我们就会对那些新的真理坦率得多。

第二个原因是，我们可以逃避傲慢自大。苏格拉底可能会断定，德尔斐的阿波罗曾宣称，他是当时活着的最聪明的人，这是一个他可能从未主动做出过的断言——无论这是不是苏格拉底的智慧。

一个人是怎样解释这些女祭司的忠告的呢？这是一个和下述问题相同的问题：一个人是怎样解释象征的呢？女祭司的预言通常隐含在诗词中，而且常常"在狂野的、象声词的呼喊中以及在清晰的言语中"表达出来，"这种'原材料'当然需要解释和研究"。[8] 就像所有时代的媒体（mediumistic）声明一样，这些预言都是相当隐蔽的，不仅为解释打开了通路，还要求人们做出解释。而且，它们往往能够得到两种或多种不同的解释。

这个过程很像是梦的解释。哈里·斯塔克·沙利文（Harry Stack Sullivan）过去常常教诲接受培训的年轻分析师，不要把梦解释为仿佛它是米堤亚人或波斯人的法律似的，而是要对接受分析的人提出两种不同的意思，从而要求他或她在两者之间做出选择。就像这些预言一样，梦的价值并不在于它们能给出具体的回答，而是在于它们开辟了精神现实的新领域，使我们摆脱了常规，照亮了我们生活的一个新的部分。因此，就像梦一样，不要消极地接受这座神殿所说的话，因为接受者不得不使自己依赖于这种预言而"生活"。

例如，在希腊与波斯战争期间，当焦虑的雅典人祈求阿波罗给予他们指导时，从神殿中传出话来，要他们起誓信任"那座木门"。这句暧昧不明的话语曾引起激烈的争论。正如希罗多德（Herodotus）在讲述这个故事时所说，"一些长者持这种观点，神的意思是告诉他们，卫城可用来逃跑，因为这里在古代是用一个木制的栅栏门进行防御的。其他的人则认为，神指的是一些木船，最好是马上做好准备。"随即这个神谕的另一部分又引起了争论，因为一些人认为，他们应该航海离开而无须打仗，并且在一片新的国土上定居。但是，地米斯托克利（Themistocles）使人们确信，他们要在萨拉米斯附近打一场海战，他们确实打了一仗，在历史上的一场决定性的战斗中摧毁了薛西斯（Xerxes）的船队。[9]

无论德尔斐的祭司们的意图是什么，这些模棱两可的预言的作用就是迫使祈求者重新发现他们的处境、考虑他们的计划和设想出新的可能思路。

确实，阿波罗的绰号就是"一个模棱两可的神"。为了避免某些初露头角的治疗师以此作为他们模棱两可的一个借口，在这里我们不妨注意现代治疗和神殿的预言之间的一个差异。女祭司的话是在一个更接近于接受者的潜意识水平上、在更接近于真实的梦的水平上说出的，这和在治疗的一小时里对梦的解释相反。阿波罗是从公民和聚合的群体（即城邦）中的更深层的意识维度讲话的。因此可能存在着一种创造的模棱两可，它既可能出现在最初所说的话（或梦）中，也可能出现在公民（或病人）对梦的解释中。所以这个神殿要优于等待的治疗师。不管怎么说，我认为，一个治疗师应该尽可能地说话简洁，把不可避免的模棱两可留给病人吧！

严格意义上说，德尔斐的忠告并不是忠告，而是一些刺激物，促使个体和群体向内部观看，向他们的直觉和智慧请教。这些预言在一种新的情境中提出了问题，以便人们能够以一种不同的方式看待它，一些新的但又未曾想到的可能性便显现出来。这些神殿以及现代治疗，都倾向于使个体感到更加消极。这就是不好的治疗，是对这些神殿的错误解释。这两者所要做的恰恰相反，它们应该要求个体认识到他们自己的潜能，为他们自己及其人际关系的新方面带来启示。这个过程把人们心中的创造性资源开发出来。它使人们转向内部，朝向他们自己的创造性之源。

在《自辩书》（*Apologia*）中，苏格拉底告诉我们，他曾通过告诉他的朋友查理芬（Chaerephon），世界上没有一个人比他（苏格拉底）更聪明，而试图弄清楚神的意思究竟是什么。这位哲学家得出的结论是，这意味着他是最聪明的，因为他承认了他自己的无知。神也忠告苏格拉底要"认识你自己"。从那时起，像尼采和克尔凯郭尔这样有思想的人就一直试图推测神的忠告的意思，我们也受到激励，要在其中发现一些新的意义。尼采甚至对下面这句话的意思解释与一个人乍一看便得出的结论恰好相反："向苏格拉底宣布'认识你自己'的那个神的意思是什么？难道他的意思可能是，'不要再关注你自己了''客观点吧'？"它们就像是一些真实的象征和神话，随着一些新的和有趣的意思的逐渐展现，神说的这些话便产生了无尽的丰富多彩的意义。

4

作为群体的潜意识的集体顿悟的体现，一座神殿能够具有重大意义还有另一个原因。象征或神话的表现就像是展现顿悟的一个投射屏。和罗夏墨迹测验的卡片或默里（Murray）的主题统觉测验一样，这座神殿及其仪式就是一个屏幕，它使人们感到惊奇，把想象变成行动。

但是，我必须赶快发出一个警告。在此地此刻发生的这个过程可能被称为"投射"（projection），但是我们必须坚持认为，它并不是在这个词的任何蔑视意义上的"投射"，既不是精神分析意义上的投射，在精神分析中个体把"病态的"以及因此他或她所无法面对的东西"投射"出去，也不是实证心理学意义上的投射，在实证心理学中其含义是，这个过程只不过是主观的，这些卡片或主题统觉测验的图画和结果毫无关系。按照我的判断，对投射的这两种蔑视的用法都源于西方人普遍没有理解象征和神话的本质。

这个"屏幕"不只是一面空白的镜子。相反，它是引起主观意识过程所必需的客观的一极。罗夏的卡片是有明确和真实形式的黑白和彩色卡片，尽管以前从未有人"看到过"你或我可能在其中看到的东西。根据定义，这种"投射"根本就不是一种"退行"，或者，和你能够说出即使没有卡片也想要用理性的语句说出的话语相比，这种"投射"根本就不是一种大不敬的东西。相反，它是想象的一种合理的和健康的演练。

这个过程在艺术中始终存在。油画和画布是客观的东西，它们在使艺术家产生观念和幻想方面对艺术家有重大的和存在的影响。确实，艺术家不仅和油画及画布有辩证关系，而且和他或她在自然界所看到的形状有辩证关系。诗人和音乐家与他们所继承的语言和音乐音符也有类似的关系。艺术家、诗人和音乐家敢于创作出新的形式、各种新的具有生命活力和意义的东西。他们至少部分地免于在这个剧烈显现的过程中"变得疯狂"，这种疯狂是这些媒介——颜料、大理石、词语、音乐的音符——所赋予的形式导致的。

因此，可以最恰当地把德尔斐的阿波罗神殿看作一种交流的象征。这样，我们就可以假定，它的顿悟是通过一个交流的象征过程产生的，这个过程包括相互之间具有某种辩证关系的主观和客观因素。对于任何一个本真地使用这个神殿的人来说，这些新的形式、新的理想可能性、新的伦理和宗教结构可能都产生于各种水平的体验，这些体验位于个体惯常的醒觉意识之下或超越这种意识。我们注意到，柏拉图把这个过程称为"预言的疯狂"的心醉神迷。心醉神迷是超越了我们通常的意识的一种由来已久的方法，是一种帮助我们达到用其他方法无法达到的顿悟的方式。心醉神迷的一个成分，无论有多么微小，都是每一个真正的象征和神话的一部分；因为如果我们真正参与到象征或神话之中，在那一刻我们就被"拿出"了我们自身之外并且"超越"了我们自己。

象征和神话的心理学取向只是几种可能的途径之一。在采纳这种取向时，我并不希望把神话的宗教意义"用心理学来消除"。我们从神话的宗教方面获得了顿悟（启示），这种顿悟来源于个体的主观成分与神殿的客观事实之间辩证的相互作用。对真正的信奉者来说，神话绝不仅仅是心理学的。它总是包括启示的某个成分，无论这种启示来自希腊的阿波罗，还是来自希伯来的神（Elohim），抑或是来自东方的"存在"。如果我们把这个宗教成分用心理学完全消除掉，我们就无法欣赏到埃斯库罗斯（Aeschylus）或索福克勒斯（Sophocles）在写他们的戏剧时所具有的那种力量，甚至也无法理解他们在谈论什么。埃斯库罗斯和索福克勒斯以及其他剧作家之所以能够写出伟大的悲剧作品，就在于这些神话的宗教成分，这对于使他们相信种族的尊严及其命运的意义提供了一种结构性的支持。

注释

[1] E. R. Dodds, *The Greeks and the Irrational*（Berkeley，1964），p.75.

[2] 暴君（tyrannos）这个词指的只是一个独裁的统治者，是在政治骚动和变化的时代正常产生的那种统治者。这些暴君中的一些人，就像6世纪末期的那位"雅典暴君"庇西特拉图，被历史学家和现代希腊人视为恩人。当我第一次在我教学的希腊学校里听到孩子们用同样性质的赞美之词（如果不是同样数量的赞美之词）来谈论庇西特拉图，就像我们国家的人们谈论乔治·华盛顿时，我非常惊讶，对这一点我记忆犹新。

[3] 译自 the *Poetry of Rainer Maria Rilke*，trans. M. D. Herter Norton（New York，1938），p.181.

[4] Robert Flacelière, *Greek Oracles*，trans. Douglas Garman（New York，1965），p.49.

[5] Dodds, p.73.

[6] 同上。

[7] Flacelière, p.37.

[8] Flacelière, p.52.

[9] Herodotus, *The Histories*，Book Ⅶ，pp.140-144.

第六章

论创造的局限性

最近，在一个星期六的傍晚，在纽约的伊瑟林（Esalen）[①]周末聚会上，举办了一次关于人类未来前途展望的小组讨论会。讨论小组由诸如乔伊斯·凯罗尔·欧茨（Joyce Carol Oates）、格里高利·贝特森（Gregory Bateson）和威廉·厄文·汤姆森（William Irwin Thompson）这类有深刻洞见和思想激励精神的人组成。听众由七八百个充满渴望的人组成，他们渴望至少能进行一次有趣的讨论。讨论会的主席在其开幕的讲话中强调了会议的主题是"人类的可能性是无限的"。

但是，说起来也真奇怪，随着会议的进行，似乎没有什么问题可以讨论。讨论小组和听众都感受到房间里充满了巨大的真空。讨论小组的与会者如此渴望探讨的所有令人激动

---

① Esalen 的意思是"进展中的研究"，后来引申为学术界的研讨活动。人本主义心理学派在加利福尼亚州的研究中心就以此命名，特指开发人类潜能的学术研讨。——译者注

的问题都神秘地消失不见了。当讨论会艰难地进行到尾声，以一个几乎毫无成果的夜晚而告终的时候，人们提出的一个共同的问题就是：究竟是哪里出了问题？

我认为，"人类的可能性是无限的"这个议题是没有活力的。如果你从表面价值来看待它，就不再有任何真正的问题。你只能站起来唱着哈利路亚（hallelujah）①，然后回家去。每一个问题迟早都将被这些无限的可能性克服，只留下那些时候一到就会自动消失的暂时困难。与会议主席的想法相反，他做的那些说明实际上把听众吓坏了：就像是把一个人放在独木舟上，把他推到通往英格兰的大西洋里，并喜气洋洋地评论说，"天空是无限的"。这个驾驶独木舟的人对下述事实的觉知简直太清楚了，一个不可避免的真正的局限性也就是大西洋的洋底。

在这些评论中我将要探讨下述假设，局限性（limits）在人类生活中不仅是不可避免的，而且是很有价值的。我还将讨论这种现象，创造性本身需要有局限性，因为创造性活动起源于人类对限制他们的事物的抗争。

首先，有死亡这种不可避免的身体局限性。我们可以稍

---

① 犹太教和基督教的欢呼语，意思是"赞美神"。——译者注

微延迟我们的死亡，但不管怎么说，我们每个人终将死亡，而且是在未来的某个未知的、我们无法预测的时刻。疾病是另一种局限性。当我们工作过度时，我们就会以某种形式患病在身。显然还有神经方面的局限性。如果血液在短短的几分钟内停止向脑部流动，就会出现中风或某种其他形式的严重损伤。尽管我们能够在一定程度上改善我们的智力，但它仍然受我们的身体和情绪环境的强烈限制。

也有一些甚至更为有趣的形而上的局限性（metaphysical limitations）。我们每个人都在历史的某一时刻出生在某个国家的某个家庭，我们自己无法做出选择。如果我们试图否认这些事实——就像菲茨杰拉尔德（Fitzgerald）的《了不起的盖茨比》中的杰伊·盖茨比那样——我们就会看不到现实和遭遇失败。确实，我们能够在某种程度上超越我们的家庭背景和我们的历史情境的局限性，但这种超越只能在那些从一开始就承认其局限性的人身上出现。

1. 局限性的价值

意识本身就产生于对这些局限性的觉知。人类的意识是我们存在的显著特征；若没有局限性，我们就绝不可能产生意识。意识是觉知，而觉知是在可能性与局限性之间的辩证紧张中产生的。当婴儿开始体验到一个球和他们自己是不一样的时候，他们就开始觉察到局限性；对他们来说，妈妈就是一个有局限性的因素，她并不会每次当他们哭泣想要食物时都能来喂他们。通过大量诸如此类局限性的体验，他们学会形成了把自己与他人和客体分开并且延迟满足欲望的能力。如果没有局限性，就不会有意识。

我们迄今所做的讨论乍一看似乎很令人沮丧，但是当我们更深入地探究时，情况就不是这样的了。标志着人类意识开端的希伯来神话，在伊甸园中的亚当和夏娃，是在反叛的背景下得到描绘的，这可不是偶然发生的。意识是在与某种局限性（在那里被称为某种禁忌）的斗争中产生的。这样，超越耶和华所设立的局限性就会受到获得其他局限性的惩罚，其他局限性是在人类内部发挥作用的——如焦虑、疏离感和负罪感。但是，一些有价值的优良品质也从这种反叛的体验中产生——个人责任感以及人的终极潜能，都是从孤独、从人类之爱中产生的。面对人的局限性，人格实际上反而得到了扩展（expansive）。这样一来，限制和扩展便走到一起了。

阿尔弗雷德·阿德勒（Alfred Adler）提出，文明起源于我们的身体局限性，或者阿德勒所说的自卑（inferiority）。如果以牙对牙、以爪对爪的话，男人和女人都比野生动物低劣。在为其生存而与这些局限性进行的斗争中，人类的理智（intelligence）得到了进化。

赫拉克利特（Heraclitus）曾说过："冲突既是万物之王，也是万物之父。"[1] 他所提到的主题就是我在这里要说的：冲突预设了局限性，而且斗争与局限性实际上就是创造性产物之源。局限性就像一条河流的河岸一样是必要的，如果没有河岸，水会漫到地上，也就没有河流了——就是说，河流是由流动的水与河岸之间的张力（tension）构成的。艺术以同样的方式要求把局限性作为其诞生的一个必要因素。

创造性产生于自发性与局限性之间的张力（紧张），后者（就像河岸一样）把自发性强行转变成多种形式，这就是艺术和诗歌作品的基础。我们再来听听赫拉克利特说的话：不聪明的人"不理解与其本身不同的东西究竟是怎样达成一致的：和谐是由对立的紧张构成的，就像琴弓和里拉①之间的那种对立的紧张一样"[2]。在一次关于他是怎样作曲的讨论中，杜克·埃林顿（Duke Ellington）解释说，由于他的小号吹奏者

---

① 古希腊的一种七弦竖琴。——译者注

能够非常美妙地吹响某些音符，而吹不响另一些音符，他的长号手也同样如此，他只好在这些局限性之内谱写他的乐曲。他说道："拥有某些局限性，这是好事。"

确实，在我们的时代出现了对自发性的一种新的评价和对不变性的强烈反对。这就伴随着对于像小孩子那样的游戏能力的价值观的重新发现。正如我们都知道的，在现代艺术中形成了对儿童绘画的兴趣以及对农民和原始艺术的兴趣，这些自发形成的东西常常被用作成人艺术作品的榜样。在心理治疗中这种情况尤甚。绝大多数病人都体验到自己受到过其父母所坚持的那些过度的、僵化的局限性的窒息和压抑。他们来寻求治疗的原因之一首先就是他们所持有的这种信念，即所有这一切都必须抛弃。尽管这有点简单化，但这种朝向自发性的渴望显然应该受到治疗师的高度重视。如果人们想要在任何有效的意义上实现整合，他们就必须重新发现他们人格中那些"失去"的方面，这是在大量的压抑之下的失去。

但是，我们一定不要忘记，治疗中的这些阶段，就像儿童艺术一样，是一些临时性的阶段。儿童艺术的特点是具有某种尚未完成的性质。尽管与非客观的艺术具有明显的相似性，但它仍然缺乏本真的成熟艺术所必需的那种张力。它是一种妥协，但还不是一种成就。正在成长的人的艺术迟早会把自己和那种辩证的张力联系起来，这种辩证的张力是在面对局限性时产生的，而且在各种形式的成熟艺术中都存在。米开朗琪罗的痛苦的奴隶、凡·高的严重弯曲的丝柏树、塞尚关于法国南部的黄绿色的可爱风景画，都使我们想起了永恒的春天的新鲜感——这些作品都有那种自发性，但它们也都有那种产生于紧张的吸收的成熟的性质。这使它们不仅是很"有趣的"，而且很伟大。在艺术作品中所表现出来的这种有控制的和超越的紧张就是艺术家成功地与局限性做斗争的结果。

2. 形式是创造性中的一种局限性

当我们思考形式（form）这个问题时，就能把艺术中的局限性的意义看得最清楚。形式为创造性活动提供基本的界限和结构。艺术批评家克莱武·贝尔（Clive Bell）在他撰写的关于塞尚的书中引用了"有意义的形式"（significant form），把它作为理解这位伟大画家作品的钥匙，这绝非偶然。

我们不妨打个比方说，我在黑板上画了一只兔子。你说：

"那是一只兔子。"实际上黑板上除了我画的简单的线条之外什么也没有：没有任何突出的东西，没有任何三维的东西，没有犬牙交错的凹凸。它还是那块黑板，"在上面"根本就没有兔子。你只能看到我用粉笔画的线条，这些线条可能极其细微。这种线条对内容造成了限制。它说明了在这幅画内部有什么并且在外部有什么——它是对这种特殊形式的一种纯粹的限制。这只兔子之所以出现，是因为你接受了我传达的信息，在线条内的这个空间就是我想要画出界限的东西。

在这种限制中有一个非物质的特点，如果你愿意的话，这是一种精神的特点，是在所有的创造性中所必需的。因此，形式，以及同样的还有设计、计划和模式，指的都是在这些限制中表现出来的某种非物质的意义。

我们对形式的讨论证明还有某种东西——你所看到的客体既是你的主观性的产物也是外部现实的产物。这种形式产生于我的头脑（它是主观的，是在我身上的）和我所看到的外在于我的客体（它是客观的）之间的一种辩证关系。正如伊曼努尔·康德（Immanuel Kant）所主张的，我们不仅认识这个世界，而且还认识与我们的认识方式相符合的世界。附带地说一句，请注意符合（conform）这个词——世界是自我形成的，它采纳的是我们的形式。

每当一个人教条地为这两个极端中的一个极端做辩解时，麻烦便开始了。一方面，当一个人坚持他或她自己的主观性，并且完全遵从他或她自己的想象时，我们就会看到这样一个人，其幻想之奔放可能很有趣，但他或她绝不可能与客观的世界有真正的关联。另一方面，当一个人坚持认为，除了用实证的方法获得的现实之外，"在那里"什么也没有时，我们就会看到一个有技术头脑的人，这个人会使他或她以及我们的生活变得贫瘠和过分简单化。我们的知觉便由我们的想象以及外部世界的实证事实决定了。

　　谈到诗词，柯勒律治（Coleridge）在两种形式之间做了区分。一种位于诗人之外——比方说，十四行诗的那种机械的形式。这是由一种武断的一致赞同组成的，即十四行诗是由十四行诗句以某种模式组成的。另一种形式是有机的，这是内在的形式。它来源于诗人，是由他或她倾注到诗词中的那种激情组成的。形式的有机方面导致它自行成长；它通过世代相传向我们诉说，向每一代人揭示新的意义。许多世纪以后我们可能会发现其中的意义，甚至作者本人也不知道其中所具有的意义。

　　当你写诗的时候，你会发现，使你的意思与这种或那种形式相符合的根本必要性，要求你在你的想象中寻求新的意义。你会拒绝某些陈述方式；你选择的是另一些方式，总是努力想要重新给诗词赋予形式。在写诗词的过程中，你会获得某种新的更深刻的意义，这比你曾经梦想过的意义要大得多。形式不仅仅是把你没有空间写到诗词中的意义祛除；它是一种帮助，能帮助你发现新的意义，激励你去压缩你的意思，使之简洁和纯净，以及在更普遍的维度上发现你想要表达的本质。正是因为莎士比亚的戏剧是以无韵诗①的形式，而不是散文的形式写成的，他才能把那么多的意思写进他的戏剧中，或者正是因为他的十四行诗有十四行，他才能把那么多的意思写进他的十四行诗中！

在我们的时代，形式这个概念常常受到攻击，就是因为它与"拘泥形式"（formality）和"形式主义"（formalism）的联系，所以我们被告知，对这两者都要像躲避瘟疫一样来避开。我同意，在像我们这样的变革的时代，当风格的诚实性难以获得时，人们就会采取形式主义和拘泥形式，以此来证明其本真性。但是，在对这些常常没有得到公认的各种形式主义进行攻击时，受到谴责的并不是形式，而是各种具体的形式——一般来说，就是那些形式主义的、死亡的形式，

① 通常一行十个音节。——译者注

实际上就是那些确实缺少某种内在的有机活力的形式。

另外，我们应该记住，所有的自发性都带有它自己的形式。例如，用语言表达的任何事物都带有该种语言所赋予它的那些形式。一首最初用英语写的诗词，在把它翻译成有优美乐感的法语时，或者翻译成具有深刻而强有力的情感的德语时，听起来会是多么大不相同啊！另一个例子是以自发性的名义对画框的反叛，就像在那些超出了它们的画框，戏剧性地打破了后者那种过分有限的界限的绘画中所表现出来的那样。这种行为借用的是最初对某个画框的假设中那种自发的力量。

当然，把自发性和形式并列起来在整个人类历史中都是存在的。它是古老的但又是现代的酒神狄俄尼索斯对太阳神阿波罗的斗争。在一些变革时期这种二分法完全公开地表现出来，因为一些古老的形式确实必须超越。所以，我能够理解在我们的时代呼喊"我们有无限的潜能"中所表现出来的形式和局限性的反叛。但是，当这些运动试图把形式或局限性完全丢弃的时候，它们就走向自我毁灭而且没有了创造性。只要创造性持续存在，形式本身就绝不会被替代。如果形式不消失，自发性就不会随之消失。

3. 想象与形式

　　想象是心灵的延展。它表明个体有能力接受意识心灵的轰击，这个意识心灵带有各种观念、冲动、意象以及从前意识中涌出的其他每一种心理现象。它是"梦见梦境和看见幻象"的能力，是考虑各种不同的可能性的能力，是忍受紧张的能力，这种紧张就包含在被一个人注意到之前就拥有的这些可能性之中。想象就是抛弃系船的绳索，碰一碰运气，认为在广袤的前方一定会有新的系船绳索。

　　在创造性的努力中，想象是在与形式的并列中发挥作用的。当这些努力获得成功时，是因为想象给形式赋予了它自己的生命活力。问题就在于：我们能够让我们的想象在多大程度上不受约束？我们能够任凭想象驰骋奔放吗？敢于想到那些无法想象的东西吗？敢于想出新的幻想并在其中畅游吗？

　　在这些时刻，我们就面临着失去方向的危险、完全孤独的危险。我们将失去在一个共享的世界中使交流成为可能的我们已经接受的语言吗？我们将失去使我们能够称为现实的东西定向的那些限制吗？这又是关于形式的问题，或者换一种不同的说法，是对局限性的觉知。

从心理学上讲，许多人是把它作为精神病来体验的。因此，有些精神病患者总是走到医院的墙边，坚持在这些有边缘的地方定向，保留他们在外部环境中的定位。由于无法在内部定位，他们发现，把任何能在外部定位的东西保留下来是尤其重要的。

作为在战争期间接收了许多脑损伤士兵的德国一家大型心理医院的主任，库尔特·戈尔德斯坦（Kurt Goldstein）发现，这些病人遭受着他们的想象能力被严重损坏的痛苦。他观察发现，他们必须把便盆严格地排成一列，鞋子总是要摆放在这个位置，衬衣总是要挂在那个地方。每当某个便盆翻倒时，病人就会变得很恐慌。他不能使自己为这种新的安排定向，无法想象一种能使混乱变成有序的新的"形式"。于是病人便陷入了戈尔德斯坦所谓的"灾难境地"（catastrophic situation）。或者，当要求他在一张纸上写下他的名字时，这位有脑损伤的病人就会在靠近边缘的某个角落把名字写下来。他无法忍受可能会在开放的空间中丧失方向。他的抽象思维能力、根据可能性来超越当下事实的能力——在这种情况下，就是我称为想象的东西——被严重损坏了。他感到没有力量改变这种环境使之适合他的需要。

当想象的力量被祛除时，这种行为就表示了生活的全部内涵。这些局限性总是清楚地保留着而且显然可见。由于没有能力改变形式，这些病人发现他们的世界被严重缩小了。任何"无限的"存在都被他们体验为有高度的危险。

但是，你和我都没有脑损伤，因此我们都能够体验到在相反的情境下——即在创造性活动中——的一种类似的焦虑。世界的界限在我们的脚下发生了转变，当我们等待着去看是否有任何新的形式将取代失去的界限，以及我们是否能从这种混乱中创造出某种新的秩序的时候，我们感到忧虑。

当想象给形式赋予生命活力的时候，形式则阻止想象把我们驱入精神病之中。这就是局限性的最终的必要条件。艺术家是那些有能力看到原始幻想的人。他们通常具有强有力的想象力，同时也具有充分发展的形式感，以避免被引入灾难境地。他们是疆域的开拓者，在我们其余的人之前动身去探讨未来。我们当然能够容忍他们拥有自己专门的属地和无害的个人癖性。如果我们能够严肃地倾听他们说的话，我们就将更好地为未来做好准备。

当你发现你的创造所要求的那种特殊的形式时，就会产生一种非常明显的快乐感——或许最好把它表述为一种温和的心醉神迷感。打个比方说，你一直为此事困惑了好几天，这时你突然有了打开这扇门的洞见——你明白了怎样写那行诗，在你的画中需要哪些颜色的组合，怎样组织你可能打算为某个群体撰写的文章，或者你偶然发现了这个适合你的新事实的理论。我常常对这种特殊的快乐感到好奇；它似乎如此经常地和实际发生的事情不相匹配。

我可能日复一日地每天早上伏案工作，试图找到一种方式来表达某种重要的观念。当我的"顿悟"脱颖而出的时候——当我在下午劈柴时有可能发生这种顿悟——我体验到我的脚步变得出奇地轻巧，仿佛我的肩头卸下了一副重担，这是在更深刻的水平上产生的一种持续的快乐感，它和我当时可能承担的任何世俗的任务并没有任何关系。这不可能仅仅是因为手头上的这个问题得到了解答——这一般只会产生某种放松感。那么，这种奇怪的快乐究竟源自何处呢？

我认为，这种体验就是：这就是事物表达其本意的方式。如果正是在那一时刻我们参与到创造的神话之中，那就好了。就像在宇宙的创造中一样，有序产生于无序，形式产生于混沌。快乐感就源于我们参与到存在活动本身，无论这种参与的程度多么轻微。反之，我们在那一刻也更加生动地体验到我们自己的局限性。我们发现了尼采所描写的那种对一个人命运的爱。难怪它会产生一种心醉神迷之感。

注释

[1] Heraclitus, p.28, Ancilla to the Pre-Socratic Philosophers, A complete translation of the Fragments in Diels, by Kathleen Freeman, Harvard U. Press, Cambridge, Mass., 1970.

[2] 同上书, 28 页。

第七章
形式的激情

许多年来我一直坚信，在想象的创造性活动中有某种事情发生，它比我们在当代心理学中所设想的更加根本——但也更加令人困惑。在我们这个强调事实和冷静的客观性的时代，我们对想象是非常轻视的：它使我们脱离"现实"；它使我们的研究受到"主观性"的破坏性影响；而且最糟糕的是，人们认为它是非科学的。其结果是，艺术和想象常常被视为对生命的冻结，而不是美食。难怪人们往往根据其同源词"人工的"（artificial）来思考"艺术"（art），甚至认为它是巧妙地愚弄我们的一种奢侈品——"技巧"（artifice）。在整个西方历史中，我们的两难困境一直就是，想象终将成为技巧还是存在的根源。

如果想象和艺术根本就不会冻结人类的经验，而且会成为人类经验之源，那会怎么样呢？如果我们的逻辑和科学是从艺术形式中派生出来的，而且从根本上依赖于它们，而不是说，当科学和逻辑产生艺术的时候，艺术只是对我们的研究工作的一种装饰，那又会怎么样呢？这些就是我在这里提出的一些假设。

同一个问题在某些方式上和心理治疗有关，这些方式要比仅仅玩弄文字深刻得多。换句话说，难道心理治疗只是一种技巧，一种具有人工制品特点的过程吗？或者说，它是一种能够产生新的存在的过程吗？

1

为了对这些假设进行深入思考，我把一些接受治疗的人所做的梦作为提供支持的资料。我发现，接受分析的人正是通过做梦才做出一些远低于心理动力学水平的事情的。他们在与其世界抗争——从无意义中找出意义，从混乱中找出意义，从冲突中找出一致。他们做到这一点，是通过想象，通过在世界上建构一些新的形式和关系，通过比例和透视来获得一个他们能够有意义地生存和居住的世界。

这里有一个简单的梦。它和一个似乎不到30岁的聪明人有关，这个人来自一种父辈有相当大权威的文化。

我在大海里和一些大海豚玩耍。我喜欢海豚并且希望这些海豚就像宠物一样。然后我开始感到害怕，认为这些大海豚会伤害我，我从水里走出来，来到岸上，现在我似乎是一只把尾巴悬挂在树上的猫。这只猫蜷缩成一滴泪珠的形式，但它的眼睛很大、很诱人，其中一只在眨。一只海豚走上前来，而且，就像一个父亲哄骗一个小孩子起床时所说的话，它说"起床了，要走了"，它轻轻地打了这只猫一下。接着这只猫害怕了，真的感到很恐慌，并且径直地弹跳起来撞向一些巨大的岩石，离开了大海。

我们不妨先把这些明显的象征抛到一边，即把大海豚看作父亲等——象征几乎总是和症状混淆在一起。我要求你们把这个梦看作一幅抽象画，把它看作纯粹的形式和动作。

首先我们看到一个有点小的形式，即那个小男孩，正在和一些较大的形式，即海豚玩耍。请把前者想象为一个小圆圈，而把后者想象为一些大圆圈。玩耍的动作在梦中传达的是一种爱，我们可以通过在玩耍中相互聚集在一起的线条把它表现出来。在第二幅画面中我们看到这种更小的形式（那个惊恐的小男孩）直接从海里走出来，离开了那些更大的形式。第三幅画面把那个更小的形式显示为一只小猫，现在是一种椭圆形的像眼泪一样的形式，猫的眼睛的那种害羞的样子是很诱人的。现在那个向这只猫走来的大的形式做出哄骗的行为，在我看来，这些线条似乎会混淆起来。这是一个典型的神经症阶段，是由做梦者试图解决他与其父亲和世界的关系而组成的。当然，这并不起作用。第四幅也是最后一幅画面是，那个较小的形式，那只猫，迅速地从画面中消失。它撞向那些巨大的岩石。这个动作是用直线画出画布之外的。可以把整个梦看作通过形式和动作努力解决这个小男孩与其父亲和父亲这类人物的那种既爱又惧怕的关系。

这种解决方法是一种生动的失败。但是，这幅"画"或游戏，虽然看起来很荒唐可笑，却像当代许多戏剧一样，表现的是无法解决冲突时的那种致命的紧张。从治疗的角度讲，这位病人肯定正面临冲突，尽管当时他除了逃跑之外什么也不能做。

在这些画面中我们也可以看到一些水平面的进展：第一，海平面；第二，更高的长着树木的土地平面；第三是其中最高的平面，即那只猫跳向的山上的岩石。可以把这些平面想象为做梦者爬向的更高的意识水平。对病人而言，意识的这种扩展可能代表着一种重要的收获，尽管在梦中对这个问题的实际解决是失败的。

当我们把这个梦变成一种抽象的绘画时，我们便处于比心理动力学更加深刻的水平。我的意思并不是说，我们应该把这些内容从病人的梦中排除出去。我的意思是说，我们应该超越这些内容，看一看基本的形式。然后我们再处理那些基本的形式，这些形式只有在后来才能派生成为系统的阐述（formulations）。

从最显而易见的观点来看，这个儿子是想要和他的父亲建立一种更好的关系，我们不妨说，他想被当作一个亲密的同伴来接受。但是，在更深刻的层次上，他正试图建构一个有意义、有空间和运动，使所有这些都以某种比例保持着的世界，一个他能够生活在其中的世界。如果没有一个接受你的父亲，你仍然能够生活，但是，如果没有一个对你来说有某种意义的世界，你是无法活下去的。在这个意义上说，象征就不再意味着症状。正如我在其他地方指出的那样 [1]，象征回到了其原始的和根本的意义，即"聚集在一起"（sym-ballein）。这个问题——神经症及其成分——可以用象征（symbolic）的反义词，即凶暴的（dia-ballein）"分离开"来描述。

梦典型地属于象征和神话的领域。我不是在"虚假"

（falsehood）这个轻蔑的意义上使用神话（myth）这个术语，而是在向做梦者所揭示的一种普遍真理的意义的某个层面上使用的。这些就是人类的意识使世界变得有意义的方式。接受治疗的人，就像我们所有的人一样，都试图使无意义成为有意义的，试图使世界成为事物相互关系的外观，试图从他们正在遭受的混乱中形成某种秩序与和谐。

在研究了接受治疗的人所做的一系列的梦之后，我坚信有一种始终存在的性质，一种我称为"形式的激情"（passion for form）的性质。病人在他的"潜意识"中建构了一场戏剧；它有一个开场，某件事情发生了并且"闪现在舞台上"，然后便是某种结局。我已经提到过梦中的那些一再出现的、修改和改造过的形式，然后，就像交响乐中的一个主题一样，得意扬扬地聚集在一起，组成了一个有意义的完整序列。

2

我发现，一个富有成果的观点是，把梦看作一系列空间的形式。现在我以一个接受治疗的 30 岁的妇女为例。例如，在她的梦中的一个舞台上，一个女性会走上梦的舞台，然后另一个女性会进入；一个男性会出现，那些女性会一起退出。这种空间的移动出现在对这个人的女同性恋倾向进行分析的时期。在以后的梦中，她，这位病人，就会进来，然后，那位在场的女性就会退出；一个男人走进来，他会坐在她身边。我开始看到一种奇怪的几何型的交流，一种空间形式的进展。和她用言语讲述她的梦相比，了解她是怎样建构这些在空间中移动的形式的——对这些形式她一无所知——或许能够更好地理解她的梦的意义以及对她的分析所取得的进展。

然后我开始注意到，在这个人的梦中有一些三角形。在她的梦中，这首先指的是她的婴儿时期，它是父亲、母亲和婴儿这个三角形。在我所认为的她的青春期阶段，这个三角形由两个女人和一个男人组成，而她作为一个女人，在空间中朝那个男人的方向移动。然后，在几个月的分析之后，在女同性恋阶段，这个三角形由两个女人和一个身边有两个女人站在一起的男人组成。在更晚些的时期，这些三角形变成了一些长方形：在梦中两个男人和两个女人在一起，假设是她的男朋友、她自己、她的母亲和她的父亲。这样，她的发展便成为通过对长方形的运作实际上形成一个新的三角形的过程，她的男人、她自己和一个孩子。这些梦是在分析的中期和后期出现的。

这个三角形的象征同时指的是许多不同的水平，通过这个事实就可以看出来，这个三角形的象征是基本的。一个三角形有三条线；要想制作一个有内容的几何形式，它可能需要的直线数量最少。这是数学的、"纯粹形式"的水平。在早期新石器时代的艺术中这种三角形是最根本的——请参看这一时期花瓶上的设计。这就是美学的水平。它表现在科学中——三角测量是埃及人计算他们与星辰的关系的方式。在中世纪的哲学和神学中，三角形是基本的象征——请参看三位一体（Trinity）。在哥特艺术中它是非常重要的，哥特艺术的一个雕刻的实例就是圣米歇尔教堂，从海中凸起的那块三角形的岩石被人造建筑的哥特式三角形覆盖着，反过来，这个人造建筑的终端就在一座直指苍天的山峰上——这是一种辉煌的艺术形式，在里面我们看到了自然、人和上帝的三角形。最后，从心理学上讲，我们有基本的人类三角形——男人、女人和孩子。

形式的重要性在身体与世界的不可避免的统一体中得到揭示。身体总是世界的一部分。我坐在这把椅子上；椅子在这座建筑物的一块地板上；而这座建筑物又坐落在曼哈顿岛的石头山上。每当我走路的时候，我的身体都和我迈动脚步行之于上的世界相互联系着。这里预先假设了身体与世界之间的某种和谐。我们从物理学中知道，就像两个物体相互吸引一样，地球无限微小地抬起以适应我的脚步。走路时最基本的平衡（balance）就是，这种平衡不只是在我的身体之中；只有把它作为我的身体与它所站立和行走于其上的土地的一种关系才能得到理解。大地就在那里，迎接落下的每一次脚步，而我走路的节奏依赖于我的这种信念，即大地就在那里。

我们自动地用数量无限的方式建构着形式，在这个事实中显示了我们对形式的积极需要。做模仿表演的小丑马赛尔·马索站在舞台上，模仿一个把狗牵出来遛一遛的男人。马索的手臂伸出来，仿佛在牵着系狗的皮带。当他的手臂来回急速地拉动时，所有的观众都"看见"这条狗拖着拉紧的皮带在灌木丛中东嗅西嗅。确实，狗和皮带是这个场景的最"真实的"部分，尽管在舞台上根本就没有狗也没有皮带。那里只有格式塔的一部分——马索这个人和他的手臂。其余的场景完全是由我们观看者的想象提供的。这种不完整的格式塔是在我们的幻想中完成的。另一个做模仿表演的小丑是让－路易斯·巴劳尔，他扮演的是电影《天堂里的孩子们》中的一个聋哑人，表现的是他在人群中口袋被扒窃这件非常重大的事情——小丑做出一种动作代表那个大腹便便的受害者，做出另一个动作代表同伴的那种郁郁寡欢的表情等，直到我们脑中对扒窃的全部事件形成一幅生动的画面。但整个过程他没有说一个字。只有一个小丑在做几个艺术动作。所有的空隙都是被我们的想象自动填满的。

为了使之具有意义，人类的想象跳跃着形成整体，完成这个画面。做到这一点的即时方式表明了我们是怎样被驱使着建构起这个画面的其余情节的。要想使画面具有意义，填充这些空隙就是最根本的。我们可能会以错误的方式——有时会以神经症的方式或妄想狂的方式——做到这一点，但这并不否认以下这种核心的观点，即我们对形式的激情表达的是，我们渴望使世界满足我们的需要和欲望，而且更重要的是，渴望把我们自己体验为有意义的。

"形式的激情"这个短语可能很有趣，但也很成问题。如果我们只使用形式这个词，听起来就太抽象了；但是，当把它和激情结合起来时，我们发现，它的意思就不是任何理智意义上的形式了，而是在一个完整场景中的形式。在这个人身上发生的事情，虽然可能是被消极性或其他神经症症状隐藏着，但却是一种充满了冲突的激情，要从充满危机的生活中找出意义来。

很久以前柏拉图就告诉我们，激情，或者如他所说，爱欲（Eros），是怎样向形式的创造移动的。爱欲向意义的创造和存在的揭示移动。最初有一种魔力叫作爱，爱欲就是智慧的恋人，就是在我们心中产生智慧和美的那种力量。柏拉图通过苏格拉底说道："人类的本性将不会很容易地发现一个比爱（爱欲）更好的救助者。"[2]柏拉图写道："所有的创造或把非存在变成存在都是诗歌或创作，而且所有艺术的过程都是有创造力的；艺术大师都是诗人或创作者。"[3]爱欲或爱的激情是有魔力的，同时也是建设性的，柏拉图期待着通过爱欲或爱的激情来"最终达到……某一种科学的幻想，这就是到处都有（everywhere）的美的科学"[4]。

因此，数学家和物理学家都谈论过某种理论的"雅致"。效用是作为美丽这个特征的一部分进行归类的。一种内在形式的和谐，一种理论的内在一致性，触及你的敏感性的美的特点——这些都是决定为什么是某种顿悟而不是另一种顿悟会成为有意识的重要因素。作为一名精神分析学家，我只能补充说，我在帮助人们获得来自他们自己内部的潜意识方面的顿悟中的经验揭示了同样的现象——顿悟之所以出现，并不是因为它们"在理智上是真实的"，或者甚至是因为它们是有帮助的，而是因为它们有某种形式，这种形式之所以美妙，就是因为它完成了在我们心中没有完成的东西。

这种观念，这种突然表现出来的新的形式的出现，是为了完成迄今为止我们一直在意识的觉知中与之抗争的一个未完成的格式塔。一个人可以相当确切地把这种未完成的模式，这种没有形式的形式，说成是构成我们的前意识从其破坏性力量中做出某种响应的"呼唤"。

4[①]

所谓形式的激情，我的意思是指人类经验的某种原则，类似于西方历史中的某些最重要的观念。康德曾指出，我们的理解不仅仅是对我们周围的客观世界的一种反思，而且它也构成了这个世界。并不是说，客体只对我们讲话；它们也和我们的认识方式一致。因此心灵就是形成和重新形成世界的一个积极的过程。

在把梦解释为病人与他或她的世界相联系的戏剧时，我问我自己，在人类经验的更深刻和范围更广的水平上，是否并不存在某种与康德所谈论的东西相并行的东西。就是说，

---

① 原书无第 3 节。——译者注

不仅我们的理智理解在认识世界的过程中对我们形成和重新形成这个世界发挥着某种作用，而且想象和情绪也发挥着某种重大的作用，是这样的吗？进行理解的一定是我们自己的整体性（totality），而不仅仅是理性。而且，正是我们自己的这种整体性，才形成了与这个世界相一致的意象。

不仅理性在形成和重新形成这个世界，而且"前意识"及其冲动和需要也同样如此，并且是以愿望和意向性为基础做到这一点的。人类在创造其世界中的形式时不仅进行思考，而且有感受和意志。这就是我在"形式的激情"这个短语中使用激情这个词的原因，它是爱欲和动力倾向的总和。治疗中的人——或与此事有关的任何人——不仅仅致力于认识他们的世界，他们所致力于其中的是通过他们与此事的相互关系来充满激情地重新形成他们的世界。

这种形式的激情是试图发现和构成生命意义的一种方式。而这正是真正的创造性之所在。广义地说，在我看来，想象似乎是潜藏在理性背后的人类生活中的一条原则，因为按照我们的定义，这些理性的功能能够导致理解——能够参与现实的构成——只是因为它们是有创造力的。因此，创造性就包含在我们努力在自我与世界的关系中创造意义时所感受到的每一种体验中。

实际上，哲学家阿尔弗雷德·诺思·怀特海（Alfred North Whitehead）也谈论过这种形式的激情。怀特海建构了一种哲学，但他不是根据理性本身独自建构的，而是建构了一种包括他所谓的"感受"（feeling）的哲学。所谓感受，他的意思并不仅仅是情感（affect）。正如我所理解的，他的意思是指人类有机体体验他或她的世界的全部能力。怀特海对笛卡儿最初的原则重新做了如下系统阐述：

> 当笛卡儿说"我思，故我在"的时候，他是错误的。我们所觉知到的绝不是空洞的思想或空洞的存在。相反，我发现我自己基本上是一个情绪的统一体，有快乐、希望、恐惧、后悔，对选择进行评价、决策的统一体——所有这一切都是对我的环境的主观反应，因为在我的本性中我是积极的。我的统一体就是笛卡儿的"我在"，就是我把这种杂乱无章的材料塑造成为某种一致的感受模式的过程。[5]

如果对怀特海的理解不错的话，我称为形式的激情的东西就是他描述为同一性体验（experience of identity）的那个东西的一个核心方面①。我能够把感受、敏感性、快乐、希望塑造成为一种模式，这种模式使我能觉知到我自己是一个男人或女人。但是，我却不能把它们塑造成为一种纯主观活动的模式。我之所以能够做到，只是因为我和我所生活在其中的这个直接的主观世界有关。

激情能够破坏自我。但这并不是形式的激情；它是一种过分情绪化的、失去自我控制的激情。显然，激情既可能是像恶魔似的，也可以是象征的——它能够变形也能够成形；它能够破坏意义和重新产生混乱。当性欲的力量在青春期出现时，激情确实常常会对形式造成暂时的破坏。但是，性欲也具有伟大的创造性潜能，这正是因为它是激情。除非一个人的发展是强烈病态的，否则，在青春期也会在男人或女人身上出现一种朝向某种新形式的成长，这种成长和他或她以前作为一个男孩或女孩时的状态相反。

----

① 我的一位朋友在读到这一章的手稿时，送给我下面这段原创的诗句，我获准加以引用：我在，故我爱 / 全部的敏感性 / 它立刻 / 从你毫无防备的面孔中 / 向我看来。/ 我爱，故我在。

5

每个人把形式赋予他或她的生活时最迫切的需要可以通过一个年轻人的案例来证明，这个年轻人是在我撰写这一章时来找我咨询的。他是一个职业家庭中唯一的儿子，根据他的回忆，自从他出生，他的母亲和父亲就几乎一直不停地吵架和打架。他从来就无法在学校里集中精力或者使自己专注于学习。孩提时代，当家人认为他在房间里学习时，他一听到父亲走上楼梯的声音，就立刻打开学校的课本，遮住他一直在看的那本关于机械方面的杂志。他回忆说，他的父亲，一个成功的但显然非常冷酷的人，常常承诺，如果他成功地通过了学校的课业，就带他进行多次的旅游。但是，这些旅游从来就没有付诸实施过。

他的母亲把他作为她的知心朋友，在他与父亲发生冲突时暗地里支持他。夏季的晚上他和他的母亲常常坐在后院里一直谈到很晚——正如他所说，他们是"伙伴"，他们"在一起非常开心"。他的父亲曾尝试强行让他在这个国家的另一个地方上大学；但这个年轻人在那里待了3个月却从来没有走出过他的房间，直到他的父亲来把他带回家。

住在家里时他曾做过木匠，后来又在美国和平队（Peace Corps）当过建筑工人。然后他来到纽约，靠做铅管工养活自己，同时兼职做雕刻。直到一次偶然的机会，他在距离这座城市一小时距离的一所大学里找到了一份工艺课教师的工作。但是，他在工作中却无法表述自己的观点，也无法清楚和直接地与学生和教工交谈。他被教工当中那些年轻的名牌大学毕业生吓坏了，他们滔滔不绝，垄断了教工会议，他感到这些滔滔不绝的讲话浮夸而又矫揉造作。处在茫然而又无效的状态下，他开始来找我咨询。我发现他是一个非常敏感的人，慷慨、有才干（他送给我一个用金属线制作的人像，这是他在我的等待室里制作的，我发现这个玩意很讨人喜欢）。他严重退缩，而且显然在工作或生活中实际上什么事情也完成不了。

我们每周在一起几次，持续了几乎一年，在这段时间里他在人际关系方面取得了非常值得称赞的进步。现在他能有效地工作，而且完全克服了他对同事的神经症敬畏。他和我都同意，既然现在他的功能得到了积极而良好的发挥，我们就暂时先停止治疗。但是，我们都觉察到，我们从来都没有能够确切地探索他与他母亲的关系。

一年以后他又回来了。在此期间他结婚了，但似乎并没有表现出任何特殊的问题。使他陷入当前绝境的是他和他的妻子在上个月对他的母亲所做的一次拜访，他的母亲当时已经在一所心理医院里了。他们发现她坐在走廊里的护士的办公桌旁边"等待着她的烟"。她走进房间与他们交谈，但很快就又走出来，继续等待给她分配烟的时刻的来临。

回到火车上，这个年轻人感到非常郁闷。从理论上讲，他很了解他的母亲这种越来越衰老的状况，但却无法从感情上接受它。他的退缩、冷漠状态和他第一次来时相似，但也有所不同。现在他能够和我直接而公开地交谈了。他的问题已经陷于局部、具体化，和他第一次来时那种泛化的茫然截然相反。他与他母亲的关系处在混乱之中。在其生活的那个环节他感到根本就没有任何形式，只有痛苦的混乱。

在我们第一次面询之后，他的茫然得到了消除，但问题仍然存在。这常常是在治疗时的交流发挥了作用：它能够使这个人克服他或她与其他人的疏离感。但其本身并不足以对新的形式产生一种真正的体验。它能平息新的形式，但却不能产生新的形式。对混乱的克服必须在更深刻的层次上进行，只有通过某种顿悟才能做到。

在对他进行第二次面询时，我们长时间地回顾了他的母亲对他的依恋，以及在她目前的状况下他会感受到的那种可以理解的心烦意乱，尽管他知道这种情况发生已经有好几年了。她曾私下里把他作为"王储"。我指出，在与他的父亲打架时她曾经是一个强有力的女人，她曾劝诱他离开他的父亲，在她力图打败他的父亲时利用他。他曾幻想他们是伴侣，或者他们"心有灵犀"，但是，与他的这种幻想相反，他实际上是一个人质，是一个在大得多的战斗中被利用的小人物。当他提到在看到这些事情时他的惊讶时，他使我心中想起了一个故事，我把这个故事讲给他听。一个人以非常低的价格出售汉堡包，据说这种汉堡包是用兔肉制作的。当人们问他是怎样做的时，他承认他使用了一些马肉。但是，当这样说还不足以作为一种解释时，他坦白说，是50%的马肉和50%的兔肉。当他们继续问他是什么意思时，他说："一只兔子一匹马。"

这个关于兔子和马的生动意象给他提供了一种强有力的"啊哈"（aha）[①]的体验，比他从某种理智的解释中曾获得的任何解释都大得多。他仍然对他是那只并没有任何贬义的兔子感到惊奇，但同时他认识到，他在童年时代是多么孱弱无助。

[①] aha，表示恍然大悟。——译者注

一副罪疚和以前无法表达出来的敌意的重担从他的背上卸了下来。这种意象给他提供了一种方式，使他最终了解了他对他母亲的消极感受。他的背景的许多细节现在到位了，他似乎能够切断他以前并不知道的那条存在的心理脐带了。

奇怪的是，处在这类情境下的人给人留下的印象是，他们一直在用手头上必要的力量来进行这些改变；这只不过是这样一件事，等待着"秩序的太阳"融化"混乱的浓雾"（把这个隐喻变成德尔斐神殿的术语）。在他这个例子中，激情是通过他欣然地把握住这种顿悟以及他迅速地重新形成他的心理世界表现出来的。他给人留下的印象是——这又是这种体验的典型特征——把以前阶段的力量储存起来，直到最后有可能的时候，在拿到那块正确的拼版玩具时，突然地抓住那种力量并付诸实践。

在我们的第三次也是最后一次面询时，他向我讲述了他最新做出的决定，辞去他在大学的职位，找到一个工作室，使他能够完全专心致志地从事他的雕刻工作。

可以把他在第一次面询时和我的交流看作这种创造性过程的预备阶段。然后产生的是"啊哈"这种体验，因为这种必要的恍然大悟，还是作为一种意象更好，是在个体的意识中诞生的。第三个阶段是做出决定，这是这个年轻人在第二次和第三次面询期间做出的，是新获得的形式的一种结果。治疗师不可能预测这些决定的确切性质；它们是一种来自这种新形式的生活。

创造性过程是这种形式的激情的表达方式。它是针对非整合的斗争，是使各种能提供和谐与整合的存在得以产生的斗争。

柏拉图为我们的总结提供了某种很好的忠告：

> 对于一个想要以这种方式正确行事的人来说，他应该在年轻时就拜访那些美妙的形式；首先，如果他想要得到他的导师的正确指导，就只能去爱一种这样的形式——他应该由此创造出一些平等的想法，很快他就会亲身感受到，某种形式的美与另一种形式的美是类似的，而且每种形式的美都是完全一样的。[6]

注释

[1] Rollo May, "The Meaning of Symbols," in *Symbolism in Religion and Literature*, ed. Rollo May（New York, 1960）, pp.11-50.

[2] Plato, *Symposium*, trans. Benjamin Jowett, in *The Portable Greek Reader*, ed. W. H. Auden（New York, 1948）, p.499.

[3] 同上书，497 页。

[4] 在这本书中我的得是在别处（elsewhere），数学家波因凯尔重复过一种类似的强调，认为爱欲可同时产生美和真理。

[5] *Alfred North Whitehead: His Reflections on Man and Nature*, selected by Ruth Nanda Anshen（New York，1961），p.28.

[6] Plato，p.496.

译后记

　　罗洛·梅是美国著名的存在－人本主义心理学家，也是美国人本主义心理学中存在主义思想的主要倡导者，是美国存在心理治疗的早期代表。

　　罗洛·梅不是心理学科班出身，他在本科期间学习的是艺术与绘画。因此，在某种意义上说，他是一个艺术家。但是，他自己的生活经历和身体疾病，以及他在欧洲游学时接受的阿德勒暑期学校的培训，使他对心理学产生了浓厚的兴趣。他凭借自己的努力，在 1949 年完成了《焦虑的意义》这篇博士论文，获得了美国哥伦比亚大学授予的第一个临床心理治疗的博士学位。20 世纪 50 年代，罗洛·梅把源自欧洲的存在主义哲学思想介绍到美国，尤其是把存在主义与人本主义心理学相结合，逐渐创立了一种存在－人本主义的心理学取向。在半个世纪的心理学研究和心理治疗实践中，罗洛·梅撰写了 20 余部学术专著，他以深邃的哲学智慧和心理学洞见，系统阐述了他所处的美国社会中人们的心灵现状，深刻剖析了美国社会现代人的心灵困境，提出了很多令人深思的存在心理学思想和价值观念，阐发了他那独特而又与正统的科学心理学大不相同的"人的心理学"体系。《创造的勇气》就是罗洛·梅所撰写的20余部学术专著中的一部。本书以一个艺术家的独特视角，从存在主义的立场出发，阐述了一种独特的创造心理学的新见解。

我对罗洛·梅的兴趣始于20世纪90年代初，我在研究人本主义心理学和荣格的分析心理学过程中，在导师车文博教授的启发下，开始研究罗洛·梅及其存在心理学思想。我的博士论文就是在研究罗洛·梅存在心理学基础上扩展而成的。在阅读包括本书在内的罗洛·梅的英文版心理学原著时，我产生了很多深刻的思想感悟，时常被罗洛·梅那些发人深省的话语打动，当然，有时也会对他的观念产生疑问和好奇。随着我对罗洛·梅思想的逐渐了解和深化，我开始感受到一位智慧老人的深刻的内心世界，那颗动荡不安、奋力求索的存在心灵。正如本书所说，创造本身就是一个不完善的过程，人类精神的永恒追求更是一个创造过程本身的一部分。或许正是人类创造活动这种从不完善到逐渐完善，但又永远也不可能达到终极完善的过程，才是人类精神存在的终极价值和意义所在。

感谢郭本禹教授的热情相邀，我才有机会独立完成本书的翻译工作，并使之与我国读者见面。感谢中国人民大学出版社的龚洪训编辑的书信和电话联系，为我完成本书的翻译提供了积极的精神支持。感谢加拿大多伦多大学的 Charles Helwig 教授，为我在翻译中遇到的个别词汇做了精确的解释。感谢我所在的广东外语外贸大学，为我从事我所喜爱的心理学研究提供了尽可能的物质和精神支持。本书的翻译就是我所承担的校级科研课题"人本主义心理学的最新发展研究"的一部分成果。

由于译者水平所限，翻译中难免有不恰当之处，真诚地希望各位学界同人惠予赐教。

杨韶刚

广东外语外贸大学

2008 年 4 月 23 日

罗洛·梅文集

Rollo May

图书在版编目（CIP）数据

创造的勇气 /（美）罗洛·梅著；杨韶刚译.
北京：中国人民大学出版社，2025.4. --（罗洛·梅文集 / 郭本禹，杨韶刚主编）. -- ISBN 978-7-300-33694-7

Ⅰ . B84-066

中国国家版本馆 CIP 数据核字第 2025HT6886 号

罗洛·梅文集
郭本禹　杨韶刚　主编
创造的勇气
[美] 罗洛·梅　著
杨韶刚　译
Chuangzao de Yongqi

出版发行	中国人民大学出版社			
社　　址	北京中关村大街 31 号		**邮政编码**	100080
电　　话	010-62511242（总编室）		010-62511770（质管部）	
	010-82501766（邮购部）		010-62514148（门市部）	
	010-62515195（发行公司）		010-62515275（盗版举报）	
网　　址	http://www.crup.com.cn			
经　　销	新华书店			
印　　刷	北京联兴盛业印刷股份有限公司			
开　　本	890 mm×1240 mm　1/32		**版　次**	2025 年 4 月第 1 版
印　　张	6.875　插页 3		**印　次**	2025 年 4 月第 1 次印刷
字　　数	110 000		**定　价**	49.00 元

版权所有　　侵权必究　　印装差错　　负责调换